JN076682

サウンドデザイン論

石 光 俊 介

養 賢 堂

まえがき

　近年、家電製品や車をはじめとするさまざまな音がそのブランドをイメージさせる商品に変化しつつある。たとえば、自動車を考えると、そのオーディオ品質、静寂性、エンジン音、ドア閉め音など、その音からその商品の価値を推し量ることができる。つまり、その商品およびブランドイメージ確立のため、サウンドは品質の一部になっているといえる。このようなサウンドデザインが求められるようになってきた。

　そこで、本書では現在の自動車や家電製品の音環境を見直したよりイメージにフィットしたサウンドデザインの方法をわかりやすく解説する。実際の試験方法、評価ツールの入手方法とそれをどう使ってどう評価するかを解説することにより、読者がサウンドデザインおよびその評価を自在にできるようになることを目指したい。

　本内容は、広島市立大学（情報科学部システム工学科）にて開講されている「音響システム特論」に概略もとづいているが、実際の現場で本連載を読みながらデータ収録から評価までができるようになることを目指している。

　多様化が進む現在、品質の確保、デザインは重要な課題であり、人の"好み"、"イメージ"を取り入れたサウンドデザインが読者の製品設計の一助になることを願っている。

1.1 音質とは

　まず、**サウンドデザイン**を考えるにあたり、"**音質**" とは何かを考えてみよう。なぜなら、"サウンドデザインする" ということはそのゴールはよい "音質" にほかならないからである。これまで、音質を評価するために、自動車であれば "加速感"、オーディオであれば "明瞭度" など評価基準を追い求めてきた。評価指標、つまり評価の方向性や評価をすべき点をみつけ出し、それを満足することがよい音質の実現方法と考えられてきたためである。

　しかし、そのみつけた評価指標がすべてにあてはまる普遍的真理かといえばそうとはいえない。自動車とオーディオでは明らかに "音質" を評価する観点が違うからである。では音質とは何か。それは「期待」である。緑の中を走り抜けてゆく真っ赤なスポーツカーに乗っているシーンを想像したときに、どのような音を期待するか。それとまったく同じシチュエーションで自動車を試乗して、エンジン音に耳を傾けたときにその思い描いた音と同じだろうか。アクセルを踏んでその加速感に音がきちんとついてきているか。アクセルを踏んだ音がその加速感と期待感を盛り上げてくれるか。そんな期待を裏切らない音こそがよい音質だ。

　自動車でもう少しシチュエーションを想像すると、ファーストコンタクトは自動車をみることから始まる。図 1.1 に示すような自動車である。ドアノブをつかんだ感触、そしてドアを開ける音、閉める音。何を期待するだろうか？ そのとき、"バンッ！" というような軽自動車のような音だったとすると、よい音質といえるだろうか。少し低めの重厚感がある音を期待するに違いな

図 1.1　ターゲットの自動車

い。その余韻の中でスターターの音はどうだろうか？ 重厚感のある音の余韻

で高い音を聞くと、その音はより高く金属感の強い音として認識される。係留効果である[1]。そして運転への期待が高まる。このように、"音質 ＝ 期待"といってよい。

1.2　騒音対策からサウンドデザインへ

　環境問題の中で騒音は解消の難しい問題であった。自分の生みだす音をよい音質の快音として楽しんでいる人以外にとっては騒音だからである。そういう意味においては、**騒音**とは「自分以外が出す音すべて」といえる。社会において、ほかを害する音は、公害としてこれまでさまざまに規制されてきた。その成果もあり、自動車の走行騒音などもずいぶん低減された。

　では、自分自身が出す音についてはどうだろうか。高速道路で加速するときのエンジン音、天日干しで布団をたたく音、ゲームでのレーザービーム発射音、いずれもその応答性を楽しみ、自分自身をその世界に没入させてくれる快音といえる（図1.2）。そのような状態は**フロー状態**や集中状態とよばれ、人と機械の性能を極限まで引き出し、時間の経過も忘れさせてくれるほどである。ワクワクするというのはまさにそのような状態であるといえる。図1.3は**ヤーキーズ・ドットソンの法則**[2]を示している。覚醒度はあまり高すぎても低すぎてもいけない。ちょうどよい覚醒度があり、そこで最大のパフォーマンスを発揮する。そのときがよい集中状態であり、その助けとなるよい応答音をデザ

図 1.2　うるさい布団たたきも本人からすれば快音

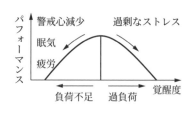

図 1.3　ヤーキーズ・ドットソンの法則

インすることがサウンドデザインを製品に活かす方法でもある。

　このような集中状態をフローということがある。これはチクセントミハイにより提唱されたフロー理論である [3],[4]。それによると以下のような状況が発生する。

- 過程のすべての段階に明確な目的がある
- 行動に対する即座のフィードバックがある
- 挑戦と能力が釣り合っている
- 行為と意識が融合する（集中している）
- 気を散らすものが意識から締め出される
- 失敗の不安がない
- 自意識が消失する
- 時間感覚がゆがむ
- 活動が自己目的的になる

　自動車を運転していて、"快適な加速音" という加速行動に対する即座のフィードバックで運転に集中し、時間感覚がゆがみ、あっという間に目的地に到着する。運転を楽しむためにはフィードバック音というサウンドデザインが必要なのである。掃除機をはじめとする操作をともなう家電、ゲーム機器などにも同様のことがいえる。

1.3 サウンドデザインの歴史

ここまでサウンドデザインという言葉をあたり前のように使ってきたが、製品音について "サウンドデザイン" が使われるようになったのは最近のことである。サウンドデザインは一般には映画などの効果音に対して使用され、1950 年代にブロードウェイで初めて使われた演劇界の用語であった。サウンドデザイナーについては「地獄の黙示録」や「**スターウォーズ**」で初めてクレジットが使われた。著名な当時のサウンドデザイナーとして図 1.4 の Ben Burtt 氏がいる [5]。この写真で彼はアンテナを金槌でたたいているわけだがこれでなんの音がするのだろう。彼はこの音を映画「STAR WARS」の帝国軍戦闘員（ストームトルーパー）のもつ銃の発射音とした。

図 1.4　スターウォーズの
サウンドデザイン

シンセサイザが高価であった当時、このように音響効果を作り出すことをサウンドデザインとしたのである。その後はパソコンのスタートアップ時の音楽、警告音などのシステムサウンドをデザインすることが注目される。これらは**サウンドアイコン**ともよばれ、CM におけるメーカーのオリジナルサウンドアイコンなどに発展していった。それと同時に生活におけるさまざまな人工物の音にも注意が向かい、それらをサウンドデザインするようになった。演劇、映画、アイコン、CM、製品音、これらすべてサウンドデザインとよばれており、演劇からスタートした「サウンドデザイン」はまさにその舞台を広げている。

1.4　どうサウンドデザインするか？

さて、映画のサウンドデザインではサウンドデザイナーの感性に任せてまったく新しい未知の宇宙人や乗り物の音を創成したわけであるが、機械音や製品

音に対しては同じ手段とはならない。機械や製品そのものの元々にある音があるからである。ここでのサウンドデザインとはそれらの音質を高めるということになる。音質とは前述のように "期待" であり、機械や製品についてはその性能に対する期待ともなる。また、性能だけではなく、その製品を生産している企業のブランドイメージでもある。

では、サウンドデザインの手順を考えてみよう。

1.4.1 製品イメージ（ブランドイメージ）を設定する

ブランドと製品のコンセプトのどちらを重視するかを決定し、そのイメージを文章や形容詞群もしくは視覚的な造形で表現する。これらの表現には**ブレインストーミング**を用いる。多くの自動車会社ではコンセプトカーがあり、それは視覚的デザインにこだわり、設定されたコンセプトやブランドイメージが具象化されている。視覚イメージと聴覚は連動する。前に述べたようにこのクルマであればこんな音に違いないという期待が音質である。

1.4.2 イメージにつながる評価

設定されたイメージからのブレインストーミングにより得られた形容詞やコンセプトデザインから導き出せる形容詞を用いて、**SD 法**[2] などにより、それらの形容詞をカテゴライズする。SD 法の考え方では個々にカテゴライズされた形容詞群はそれぞれ別の形容詞群に対して独立であり、感性評価の独立軸として考えることができる。するとそれぞれのイメージに対して実際の音がそのイメージをどの程度満足しているのかをそれぞれの軸上でみることができる。

たとえば、音の 3 因子がある。これは、迫力因子、金属因子、美的因子であり、それぞれの因子の得点として、音の印象を表現できる。この手法については後に詳しく述べるが、実際に現製品がそのコンセプトに対しどの程度そのサウンドデザインを表現できているのかを数値として知ることができる。

1.4.3　どうすればその評価が得られるのか？

　どうすればそのような評価を得られるかを知るには原因となる物理特性を探る必要がある。周波数特性、過渡特性、残響特性などである。また、所望の物理特性になるためにはどのような設計が必要となるかは逐次蓄積しておく必要がある。そのためには、まったく無の状態からサウンドデザインを開始するのではなく、現在の製品に対して新たに設定した評価指標をどの程度満足しているかを調査する必要がある。それらの蓄積により、新たな製品イメージからサウンドデザインする場合にそれらの設計蓄積が活かせることになる。

1.4.4　サウンドデザインに影響する因子とは？

　さて、前述の音の三因子は何に対応しているのだろうか。

　まず、迫力因子は音の大きさでその振幅、金属因子は音の高さでその周波数に関連付けられることは想像できる。

　では、美的因子とは何であろうか。たとえば、エレキギターに使われるディストーション エフェクターがある。これはあえてその音に歪みを加えるものである。これをギターと同じようにピアノに加えるとどうであろうか。ピアノの音はひび割れて、まったく美的とはいえない。同じ処理を施したとしてもそれぞれの楽器や製品に対しては期待が異なるので、"音質" の評価結果は異なったものになる。美的因子はこのようにどの音にも共通的な物理特性とはいえず、音の時間変化をとらえることができる解析が必要であり、またその特性のうち、時間変化、響き、周波数組成のどれが印象に関わるか、対象となる音により異なるのである。よって、心理実験による対応付けが必要となり、これを明らかにすることがサウンドデザインの評価にもつながる。

Lecture.2　サウンドデザインの準備

　　サウンドデザインとその評価のためには音の加工が必要である。ここではそのための基礎となる音の取り込みや信号処理について紹介する。

2.1　サウンドの取り込み

　サウンドデザインには音の評価や加工が必要となる。それにはサウンドを収録／再生する必要がある。

　そこで、データ収録に関する基礎的な方法および決まりごとについて述べる。まず、マイクロフォンにより取り込まれた信号はアナログ信号である。これをデータとして蓄積するにはデジタル信号に変換する必要がある。これを**アナログデジタル変換**（AD 変換）とよぶ。

　デジタル信号として蓄積するためには決まりごとがある。**サンプリング周波数**と量子化ビット数である。サンプリング周波数は対象とする音の最大周波数の 2 倍 以上に設定する。なぜ最大周波数の 2 倍 以上に設定する必要があるのかといえば、図 2.1 に示すような**折り返しひずみ**が発生する

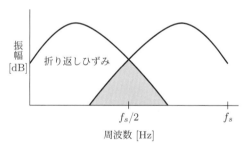

図 2.1　折り返しひずみ

ためである。たとえばサンプリング周波数 2000 Hz で 1500 Hz の音を収録してしまったとすると、その音は折り返って 500 Hz の音として再生される。

図 2.2 にそれが体験できる MATLAB コードを示した。1500 Hz の音を実際に再生するにはこのプログラムのどこを修正すればよいだろうか？ サンプリング周波数を示す f_s を 1500 Hz の 2 倍以上に設定すれば、無事 1500 Hz が再生できる。

```
fs=2000;
ft=1500;
t=0:1/fs:1;
x=sin(2*pi*ft*t);
sound(x,fs);
```

図 2.2 折り返しひずみを音として聞く

では、たとえば普段の生活で必要な、もしくはオーディオを十分に楽しむことができる品質でデジタル収録するにはサンプリング周波数はどう設定すればよいだろうか。後述するが、人は 20 Hz 〜 20 kHz の音を聞くことができるといわれている。人が聞くことができる 20 kHz ぐらいの周波数までを再現できればよいとすると、サンプリング周波数はその 2 倍 の 40 kHz ということになる。しかし、自然界には 20 kHz 以上の音は存在している。そうするとデジタル収録しようとすると、どうしてもその折り返しひずみが現れることになる。

そこで、実際にデジタル録音する際には**折り返しひずみ除去フィルタ**（Anti–aliasing filter）というアナログフィルタを通した後にデジタル録音する。この折り返しひずみ除去フィルタという呼び名は、特殊なフィルタのように聞こえるが、単なる低域通過型フィルタである。図2.3 に低域フィルタの定義を示

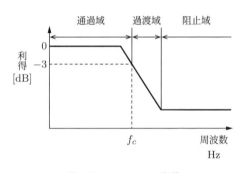

図 2.3 フィルタの定義

す。この図中のカットオフ周波数 f_c を 20 kHz に設定した低域通過フィルタが折り返しひずみ除去フィルタである。この低域通過型フィルタを通すと、20 kHz 以上の信号はほぼなくなるので、40 kHz でデジタル収録すればいいということになる。しかし、そのようにフィルタで無理矢理信号を削ることによる弊害は生じないだろうか？ 機械加工でも無理矢理板を曲げるとそこに歪みが生じる。それと同じように f_c 付近では位相遅れ（時間遅れ）が生じる。これを回避するために f_c に対して 80 % 程度の周波数帯域までを安定帯域とし

て考えて、使用する場合が多い。

　つぎに、**量子化ビット数**である。これはアナログデータをデジタルデータに置き換える際、どの程度までその波形を正確に表現するかという指標であるといってよい。たとえば、1 ビットであれば $(0,1)$ の 2 種しかなく、正の値か負の値かぐらいの表現にとどまる。ただし、前の値より増えた（1）か減ったか（0）という方法で、波形を表す 1 ビット量子化という方法もある。一方、2 ビットであれば $(00, 01, 10, 11)$ の 4 つの階調で波形を表すことができる。ちなみに CD は 16 ビットであり、65 536 階調で波形を表すことになる。この階調をダイナミックレンジとして表すこともある。この場合、96 dB（$= 20 \log_{10} 65536$）である。このダイナミックレンジは人の聴覚と対比されることがある。人の聴覚は 120 dB のダイナミックレンジをもつといわれているので、CD のダイナミックレンジでは聴覚に追いつかないとも考えることができる。計測器においては、12 ビットから 32 ビットまでのものまで幅広い。もちろん、1 つのデータをあらわす量子化ビット数が増えるとデータサイズも大きくなる。図 2.4 は量子化のきざみ幅を半分にした場合のデジタルデータの違いを表している。量子化ビット数を増すことで、より元の波形に近づくことがわかる。この元のアナログデータとデジタルデータの差を量子化誤差という。

　さて、以上の知見を持って実際にサウンドを取り込んでみる。図 2.5 はフ

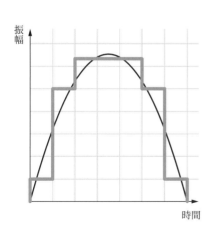 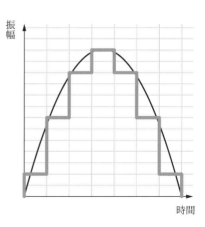

図 2.4　量子化誤差（縦の刻み幅を 2 倍 にするだけで元の波形に近づく）

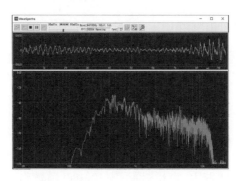

図 2.5　フリーソフト WaveSpectra

リーソフト WaveSpectra[6] の実行画面である。上のメニューバー右端にある
スパナをクリックするとサンプリング周波数と量子化ビット数を設定できる。
もちろんそれぞれの PC のオーディオインタフェースカードに依存するが、サ
ンプリング周波数を前述の自分が再現もしくは解析したい音の最大周波数の倍
以上にとるという原則に従って音の収録をしてみて欲しい。

2.2　フーリエ解析とその問題点

収録された音の特徴を抽出す
るために、FFT アナライザで音
の特性をみることは多い。FFT
とは**高速フーリエ変換**（Fast
Fourier Transform）のことで、
ここではまずその原理を理解す
るためにフーリエ変換をみてみ
よう。図 2.6 は音声『あ』の時
間波形である。この波形をみて

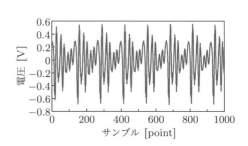

図 2.6　音声／あ／の波形

わかることは同じパターンを何度も繰り返していることである。**フーリエ変
換**は「同じ形を繰り返している周期をもった波はどんなに複雑なものも単純な
波が足し合わさってできている」[60] という定義にもとづいたものだ。単純な

波とは sin や cos などの三角関数である。信号を $f(t)$ とすると、以下のように表すことができる。

$$f(t) = a_0 + a_1 \cos \omega t + a_2 \cos 2\omega t + a_3 \cos 3\omega t + \cdots \\ + b_1 \sin \omega t + b_2 \sin 2\omega t + b_3 \sin 3\omega t + \cdots \tag{2.1}$$

この a_0、a_1、b_1、$\cdots$ がそれぞれの周波数成分であり、FFT ではこの振幅スペクトル（a_0^2、$a_1^2 + b_1^2$、$\cdots$）をみている。ω は基本周波数であり、これが同じパターンの繰り返し中のひとつのパターン分の周期（時間）から求められる**周波数**である。まず、式（2.1）で a_0 はオフセット成分であり、信号全体が信号の真ん中からどのぐらいず

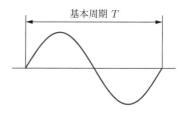

図 2.7 $\sin \omega T$ の波形

れているかということを表している。これは**基本周期** T（図 2.6 の繰り返しパターン 1 回分）で $f(t)$ を積分し、その長さ T で割ることで計算できる。これは式（2.1）からもわかるように a_0 以外は基本周波数 ω の整数倍であるからだ。図 2.7 に基本周波数に一致する sin 波（$\sin \omega t$）を示す。これを基本周期で積分すると + の部分が − の部分を埋め立て、ゼロになる。そのほかも基本周波数の整数倍だから同じように + の部分が − の部分を埋め立てゼロになり、a_0 しか残らない。これを式で表すと式（2.2）になる。

$$a_0 = \frac{1}{T} \int_0^T f(t) \, \mathrm{d}t \tag{2.2}$$

この式でなぜ $1/T$ が出てくるのかというと、$f(t)$ を基本周期 T で積分した面積は高さ a_0、横 T の長方形の面積と同じになり、両辺を T で割ることにより a_0 を求めようとしたためである。a_1、b_1、$\cdots a_n$、b_n などの各周波数成分の振幅を知るのも同じしくみである。各周波数成分は式（2.3）から得られる。

$$a_n = \frac{2}{T}\int_0^T f(t)\cos n\omega t\, \mathrm{d}t$$
$$b_n = \frac{2}{T}\int_0^T f(t)\sin n\omega t\, \mathrm{d}t \tag{2.3}$$

$f(t) = \sin\omega t$ のときを考えてみると、図 2.7 において、＋ 区間と － 区間が同じ波形、つまり、ちょうど位相が同じになり、$f(t) = \sin\omega t$ と $\sin\omega t$ のかけ算の値はすべてプラスになる。その積分である内積値は $f(t)$ に含まれる $\sin\omega t$ の成分のみとなる。$f(t)$ が $\sin\omega t$ を含まない場合は、$f(t)$ と $\sin\omega t$ とのかけ算の結果はプラスマイナスを含み、その積分である内積値はゼロになる。こうして各周波数成分の抽出が可能となる。ここでは簡単な信号分析の例を通じて、そのしくみをみてみよう。

図 2.8 は解析対象の信号である。積分は面積を求める操作であるので、それを簡単に理解するために A 〜 D の短冊で面積を求める。それぞれの短冊の面積を A：−0.3、B：5、C：6.3、D：0.8 と観測したとする。では、まず a_0 を求める。式 (2.2) に代入すると以下のようになり、求めることができる。

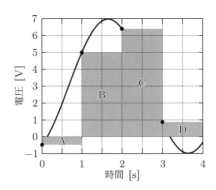

図 2.8　信号解析の例

$$a_0 = \frac{-0.3 + 5 + 6.3 + 0.8}{4} \approx 3 \tag{2.4}$$

この信号は 3 ボルト程度中心から上にずれていたことがわかる。つぎに、それぞれの周波数成分を求めるため、基本周波数を知る必要がある。図 2.8 が基本周期分の波形とすると、基本周期は $T = 4\,[\mathrm{s}]$ である。すると、基本周波数は $f = 1/T = 0.25\,[\mathrm{Hz}]$ である。基本角周波数 ω は $\omega = 90\,[^\circ/\mathrm{s}] = \pi/2\,[\mathrm{rad/s}]$ だ。

表 2.1　フーリエ解析結果

t	$f(t)$	a_1 $f(t)\cos\omega t$	a_2 $f(t)\cos 2\omega t$	b_1 $f(t)\sin\omega t$	b_2 $f(t)\sin 2\omega t$
0	-0.3	-0.3	-0.3	0	0
1	5	0	-5	5	0
2	6.3	-6.3	6.3	0	0
3	0.8	0	-0.8	-0.8	0
総面積		-6.6	0.2	4.2	0
a_n, b_n		-3.3	0.1	2.1	0

　ここで A 〜 D と各周波数の sin、cos との内積をとる。角周波数 $\omega = 90\,[^\circ/\mathrm{s}]$ であるので、値は -1、0、1 しかとらない。図 2.9 はそれぞれの成分をイメージするための単位円である。単位円上で 90 度ずつ進むと、cos は $1, 0, -1, 0$、sin は $0, 1, 0, -1$ の値をとることが確認できる。フーリエ解析結果を 表 2.1 に示す。内積結果がその周波数の成分である。cos と sin を複素数で考えると、各成分のエネルギーは $(\cos 成分)^2 + (\sin 成分)^2$ で表現できる。

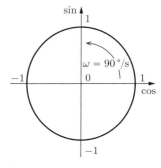

図 2.9　単位円

　その値をプロットした周波数解析結果を 図 2.10 に示す。ほとんどが基本周波数 $0.25\,\mathrm{Hz}$ の成分であることが確認できる。また、解析結果から元の信号も再現できる。a_0 と 表 2.1 で得られた結果を式（2.1）にあてはめると式（2.5）のようになり、元の波形が描画可能である。

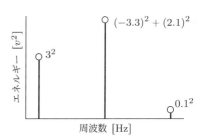

図 2.10　課題波形の解析結果

$$f(t) = 3 - 3.3\cos\frac{\pi}{2}t + 0.1\cos\pi t + 2.1\sin\frac{\pi}{2}t \qquad (2.5)$$

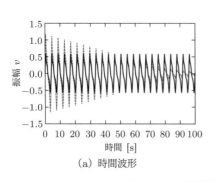

(a) 時間波形

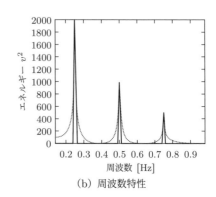

(b) 周波数特性

図 2.11 周波数特性は同じであるが…

　このように基本周期成分さえみつけてしまえば、その整数倍の単純な波を内積することにより、各成分の振幅を求めることができ、その波形を再現できる。このように信号解析を追っていくことで気がつかれた読者も多いと思うが、フーリエ解析の対象は同じパターンを繰り返す定常信号が前提となる。たとえば 図 2.11 のように先ほどの例と同じく基本周期 4 秒で同じパターンを繰り返すものの、振幅が変化する場合、時間信号だけであれば一目瞭然でその信号の性質の違いがわかるのにもかかわらず、周波数特性のみからでは、振幅の時間変化は理解できない。図 2.11 (b) の周波数解析結果のようにまったく同じ解析結果となるからである。

　つまり、物理現象を正確にとらえるためには周波数成分のみではなく、時間情報も必要である。自然界には定常信号より非定常信号の方が多いから時間情報が必要であるということだが、それだけではない。音からその特徴を解析する場合、異常診断が目的ということが多い。運転時に異常に気付くのは定常状態よりも非定常状態のときが多い。たとえば、自動車の場合も定常走行しているときよりも、加速しているときやレーシング状態でエンジンを吹かしたときにその音から異常を感じやすく、整備士の方々もそのようにして検出することが多い。時間と周波数の双方の情報を一度に解析するのが、時間周波数解析である。次節では、時間周波数解析についてみていくことにする。

2.3 時間周波数解析

2.3.1 スペクトログラム

　時間情報を導入するために、信号 $f(t)$ を細切れにして、それぞれの部分でフーリエ変換したものが短時間フーリエ変換（short–time Fourier transform, STFT）である。細切れにする場合、窓関数 $w(t)$ を導入する。窓から信号 $f(t)$ の各部分をのぞき込むというイメージである。このような信号の各部分をフーリエ変換していく STFT を式（2.6）に示す。

$$\mathrm{STFT}(t, \omega) = \int_{-\infty}^{\infty} f(\tau)w(\tau - t)\, e^{-j\omega\tau}\, \mathrm{d}\tau \tag{2.6}$$

窓関数 $w(t)$ の選択において、フーリエ変換する箇所をそのまま切り出す矩形窓と、切り出す部分の中央から両脇にいくにしたがって 0 に収束していく窓とでは解析結果に違いが出る。両脇にいくにしたがって 0 になるような窓には広く使われるハニング窓、ハミング窓の周波数分解能を高めたハミング窓、周波数分解能は低いもののサイドローブの低いブラックマン窓などがある。

　図 2.12 は弦楽器の音をフーリエ変換した結果である。太線がブラックマン窓による解析、細線が矩形によるものである。矩形窓ではサイドローブが高いため、ノイズフロアが上がり、小さな振幅エネルギーを見逃してしまう可能性を示唆している。これは窓両端が不連続点となり、フーリエ解析結果に影響を及ぼしてしまうために発生する。STFT の計算時には窓関数の導入が以上の点からも必要である。

　さて、STFT のエネルギー表現を**スペクトログラム**とよび、声紋分析やエンジン音分析など広く使われている。近年では、STFT 上の時間周波数平面上でマウスを用いて音をイメージとして編集したり、特定の部分の音を聞いてみたりとさまざまな可能性が実現されている。たとえば、OPTIS 社の LEA はまさに時間周波数平面上で絵を描くように音を加工できるツールである[61]。これで次数成分を編集して刺激音を作成したり、特定の音声を抽出したり、時間周波数平面を眺めながら加工できる。また、HEAD acoustics 社の ArtemiS は、時間周波数平面上の特定の部分をマウスで囲んで抜き出して再生し、その

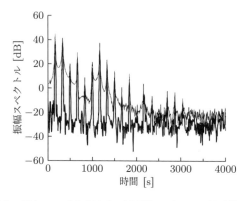

図 2.12　ギターの音を窓あり（太線）と窓なし（細線）で解析

異常音を確認することも可能である。また、iZOTOPE 社の RX8 はレコー
ディングエンジニア用のツールではあるが、時間周波数平面上で音の編集が
できるほか、AI でノイズ除去や音声強調など自動的におこなってくれる機
能も備えている。このように時間周波数解析は単に解析するだけでなく、編
集や抽出再生をおこなえるツールに進化している。フリーのツールとしては、
CHOROME MUSIC LAB の中に spectrogram があり、さまざまな音源を再
生しながらスペクトログラムが観測できるほか、マイク入力から実時間でも観
測できる[64]。

　これらのアプリケーションではあまり意識することが少ないかもしれない
が、時間分解能と周波数分解能のトレードオフがある。時間的な変化をみたい
と思うと周波数特性がピンぼけ状態になり、周波数を細かくみたいと思うと時
間的な変化が犠牲になるという点である。時間分解能と周波数分解能に優れた
時間周波数解析法はないものだろうか。そこでウィグナー分布を紹介する。

2.3.2　ウィグナー分布

　ウィグナー分布はもともと量子統計力学の研究において、位置 – 運動量空
間で導入され[65]、Ville によって信号解析の分野に導入された[66]。よって、
ウィグナー分布をウィグナービレ分布とよぶこともある。ウィグナー分布は式

(2.7) で表現される。

$$w(t, \omega) = \frac{1}{2\pi} \int_{-\infty}^{\infty} f(t + \frac{\tau}{2}) f^*(t - \frac{\tau}{2}) e^{-j\omega\tau} \, \mathrm{d}\tau \tag{2.7}$$

* は複素共役を意味する。非常に高い分解能で分析できるという特徴がある。図 2.12 に時間的に周波数が変化するチャープ信号を比較した例を示す。圧倒的な分解能の違いである。このような高分解能特性のほか、ウィグナー分布はつぎのような特性ももっている。

- ある時刻 t におけるその周波数方向の積分は、その時刻での瞬時パワーに等しい。
- ある周波数 ω におけるその時間方向の積分は、その周波数でのエネルギー密度スペクトルに等しい。
- 信号の時間方向へのシフトで分布も時間方向へシフトする。
- 信号の変調により分布も変調する。
- 実関数、複素関数ともにその結果は実関数になり、特に実関数であるならその周波数は偶関数である。
- ある限られた時間で信号エネルギーが零のとき、分布も零である。
- ある限られた周波数で信号エネルギーが零のとき、分布も零である。
- 分布の時間方向の重心が信号の群遅延特性を表す。
- 分布の周波数方向の重心が信号の瞬時周波数を表す。

以上の特性を用いて、音場解析や特徴量抽出に用いられることも多い。また、ウィグナー分布はすべての時間周波数解析の核として、それを平滑化することで、ほかの時間周波数分布に変換できることが知られている[67]。こんなにすばらしいのに、なぜウィグナー分布は使われていないのか。それは干渉項またはクロス項とよばれる成分が信号成分のすべての組み合わせについて現れ、実際の信号と干渉項との区別がつかなくなり、解釈が困難となるためである。

図 2.13 では単一成分の時間周波数変化であったため干渉項は観測されないが、2 つ以上の成分があるとその中間に正負に振動するように現れる。さて、式 (2.7) において $f(t)$ は複素数である。これは解析信号になっている。解析

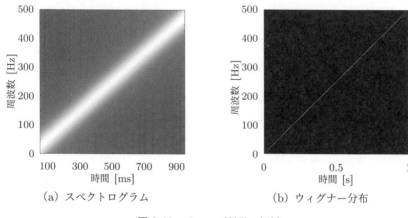

（a）スペクトログラム   （b）ウィグナー分布

図2.13 チャープ信号の解析

信号とは虚数部にその信号のヒルベルト変換をもつものであり、周波数変換すると負の周波数成分がゼロになり、正の周波数成分が 2 倍になる。これにより振幅情報は保持しながら折り返しによる干渉項を防ぎ、サンプリングの定理にもとづいて収録された信号に対しても適用できる[68]。干渉項 n が正負に振動するという性質を利用すれば、平滑化したり[69]、適応制御を用いたり[70]して干渉項の消去も可能である。しかし、多重解像度解析の考え方を導入したウェーブレットの登場により、信号解析ではあまり用いられなくなった。

　ただし、ウィグナー分布はもともと量子統計力学的な背景のもとに考案されたもので、微分方程式の解析にも使用されることがある。ほかの時間周波数解析手法がデータ解析にとどまる中、ウィグナー分布は唯一理論解析と直接関わっている[71]。ウィグナー分布のフリーソフトは確認していないが、小野測器の FFT アナライザに搭載されているほか、MATLAB 関数（2019a 以降）にも関数 wvd[72] として追加されている。

2.3.3 ウェーブレット変換

　スペクトログラムでは、時間周波数分解能が時間周波数平面上ですべて一定であった。しかし、Spectrogram の基底関数である正弦波は、1 周期に着目

すると周波数と時間は逆数関係にある。窓をすべての周波数に対し一定長にすると、周波数によっては同じ基底関数がいくつも窓内に重複して存在する。多重解像度分析はこれに対し、周波数が変わっても基底関数は単に圧縮と伸張を受けるのみである。したがって、Δf（$= 1/T$）が周波数に比例するので、式（2.8）が成り立つ。

$$\frac{\Delta f}{f} = \mathrm{const.} \tag{2.8}$$

これは定 Q 型フィルタバンク（対数軸上で等間隔に並んだ同一形状のバンドパスフィルタ）で構成できる。これはまさに内耳の蝸牛の周波数応答と類似しており、図 2.14 に示すような聴覚の検出構造に近いものとなる[73]。この図ではくるくると丸まった蝸牛を伸ばして、それぞれ対応する蝸牛の基底膜の位置と多重解像度解析との対応を表している。このように時間分解能は高い周波数になるほど徐々によくなる。したがって、スペクトログラムで検出できなかった突発性の小さな信号も高い周波数で検出できたり、同時に、非常に低い周波数分布を精度よくとらえたりすることが可能となる。

この多重解像度分析の考え方を実現する信号処理方法が、ウェーブレット変換である。これは時間周波数平面上で局在したアナライジングウェーブレット（またはマザーウェーブレット）$\psi(t)$ とよばれる基底関数の affine 変換（相似変形と平行移動）であり、式（2.9）で表される。

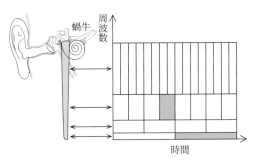

図 2.14　蝸牛と多重解像度解析

$$w(b,a) = \int_{-\infty}^{\infty} \frac{1}{\sqrt{|a|}} \psi^* \left(\frac{t-b}{a} \right) f(t)\, \mathrm{d}t \tag{2.9}$$

ここで、a はスケールパラメータ、b はシフトパラメータで、それぞれ $\psi(t)$ の相似変形と平行移動をおこなう変数である。本来、ウェーブレット変換は時間 – スケール（t–s）平面で表すが、時間的、周波数的に局在しているアナライジングウェーブレットを使うことで、近似的に時間周波数分布とみなすことができる。なお、ウェーブレット変換のエネルギー表現はスカログラムとよばれている。

　ウェーブレット解析のフリーソフトウェアとしてはコロラド大学の Torrence らが公開しており、MATLAB や Python のコードがダウンロード可能である[74]。また、MATLAB には Wavelet toolbox が用意されている。基本的には CWT 関数を使うが、"信号アナライザー" というアプリケーションを使えばプログラミングは不要である。このアプリケーションではスペクトログラムとスカログラムの解析が、1 クリックで切り替え可能である。

　音の収録が終わると今度はその評価である。もちろん、録った音を加工して、どの特性が聴感印象に寄与するのかを調べていく実験も必要である。次章ではサウンドデザイン評価の概要について述べるとともに、聞こえの仕組みにもとづく音の評価方法について説明する。

Lecture.3　聞こえの仕組みを評価に

　　よいサウンドデザインを実現するためには、それに影響する物理特性をどこまで詰めていけばよいかということになる。とはいえ、その物理現象をすべて捉えられる能力を人間は有していない。ある重み付けをもってとらえている。そこで聴覚について概観し、さまざまな分野で導入が進んでいる音響評価指標との関連について述べる。

3.1　耳の仕組み

　図 3.1 に**聴覚の感覚器**[9] を示す。耳介で集められた音波は外耳道を通して鼓膜に到達する。鼓膜の面振動を体内で最小の骨である**耳小骨**（槌骨、キヌタ骨、アブミ骨）を通して蝸牛の入り口 1 点に伝える。このような押しピンでぐっと刺すような伝え方に加えて、耳小骨がテコの役割を果たしていて、わずかな空気の振動を液体の振動に変えるほどの増幅をおこなう。蝸牛内は液体で満たされている。このようにインピーダンス変換がおこなわれる。

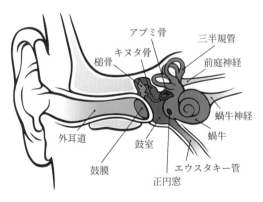

図 3.1　聴覚の感覚器 [9]

蝸牛では周波数分析がおこなわれている。それは、異なる場所でその液体の進行波の包絡ピークが出現し、図 3.2 に示すように場所によって共振周波数が異なるという考え方もできる。蝸牛の奥の方の**基底膜**にある細胞が周波数の低い音に反応し、手前側が高い音に反応し、聴神経に伝えている。これを**場所説**とよぶこともある。

この周波数検出は基底膜上の**有毛細胞**が担っている。有毛細胞には 図 3.3 に示すように**内有毛細胞**と**外有毛細胞**とがある [10]。内有毛細胞は基底膜の機械的情報を神経的情報へ変換することで脳へ音情報を入力するセンサである。その一方、外有毛細胞は蓋膜に刺さっており、基底膜の振動に対してこの細胞自体が運動する。結果的に蓋膜を揺らし、液体の揺れが増幅されて中にある有毛細胞にさらに刺激を与えることとなる。よって、外有毛細胞はセンサであると同時にアクチュエータの働きもしている。音楽信号を入れたときの外有毛細胞の運動の様子も "dancing hair cell（踊る有毛細胞）"[11] でみることができる。有毛細胞の反応は低い周波数側に急峻で高い周波数側に緩やかになる。こ

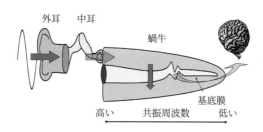

図 3.2 蝸牛における場所説 [10]

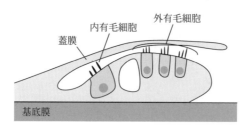

図 3.3 有毛細胞

れにより高い周波数成分がマスキングされやすくなる。また、周波数ばかりでなく、時間軸上でも大きな音の前後の小さな音が聞こえなくなるなどのマスキングが生じる。このマスキングまで考慮した音の大きさをラウドネスとして定義している。

3.2　人が感じる音の大きさと周波数

　人の聴覚には 120 dB の**ダイナミックレンジ**があるといわれている。つまり、聞こえるか聞こえないかの音（最小可聴音）からその 1 兆倍の音まで聞くことができる。図 3.4 に音圧レベルと聞こえを示す[2]。コンパクトディスク（CD）にささやき声とロックバンドの演奏は同時に収録できるだろうか。CD のダイナミックレンジは $20 \log_{10} 2^{16} = 96$ dB と計算できる。

　図 3.4 をみると、ささやき声とロックバンドの演奏との同時収録には 100 dB 以上必要なので、同時収録は厳しいといえるだろう。また、最近、スマートフォンには音量制限が設けられている。ボリュームを上げて音楽やラジオを聞き続けると警告が表示され、ミュートされるようになっている。欧州委員会の報告[12]によると、毎日 1 時間 100 dB（図 3.4 の叫び声）で音楽を聴き続けた場合、5 年後には聴力を完全に失う危険があるというという。

　さて、図 3.1 のように鼓膜に達するまでに音は耳介と外耳道を介する。外

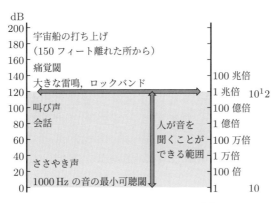

図 3.4　音圧レベルと聞こえ[2]

耳道は管であるのでここでも共振周波数が存在し、周波数特性は均一にならない。そうすると、音の大きさは音の強度と周波数の両方に依存することになる。

　1000 Hz を基準としてその音と同じ大きさに聞こえる各周波数の音を表したものが **図 3.5** に示す**等ラウドネス曲線**[13]である。ニューサウスウェールズ

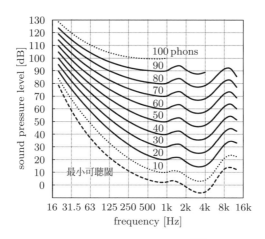

図 3.5　等ラウドネス曲線[13]

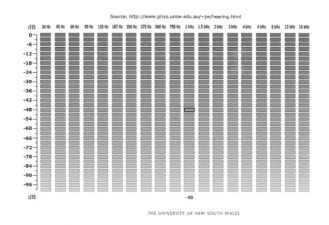

図 3.6　ニューサウスウェールズ大学のサイト[14]

大学のサイト[14] で全く同じ実験ができる。サイトにアクセスすると 図 3.6 のような画面が表示される。まず、1 kHz の列の −48 dB より下（安全のため）の□をクリックすると小さなピーという音がする。その音を基準として、それと同じ音量に聞こえる音をつぎつぎに左右の□から選んでいくことで自分自身の等ラウドネス曲線を得ることができるというものである。

聴覚は低音と高音には鈍感で、4 kHz 付近が最も聞こえやすい特性をもっている。図 3.6 の実験結果の特性はそのようになっただろうか。1 kHz を基準に同じ大きさに聞こえる音をつぎつぎと探すのもよいが、ちょうど聞こえなくなる音の大きさを探していくのもわかりやすい。これにより最小可聴閾のラウドネス曲線が得られる。

ラウドネス実験をおこなった Robinson と Dadson によると 1 kHz の最小可聴音圧レベルは 20 μPa である [13]。これを基準とした音圧レベル（dB）が広く使われている。たとえば、1 Pa の音であれば $20 \log_{10}(1\,[\text{Pa}]/20 \times 10^{-6}\,[\text{Pa}]) = 94\,\text{dB}$ と表される。これは多くの**音圧校正器**に使われている値だ。94 dB という中途半端に思えていた値は実は 1 Pa という非常にシンプルな圧力だったのである。この音は耳に近づけるとかなりうるさい。ちなみに hPa は 100 Pa である。1 気圧は 1013 hPa であるから、音の圧力がいかに小さいものかわかるであろう。

3.3 マスキング —どの音まで考えるか—

マスキングはマスキングテープなどで最近よく耳にするようになり言葉自体はなじみ深い。ほかのものを隠すということである。マスキングには**同時マスキング**と**経時マスキング**とがある。同時マスキングは音が同時に鳴っている場合、大きな音のまわりの周波数では小さな音は隠されてしまうというものである。経時マスキングは大きな音の前後で鳴っている小さな音は隠されてしまうというものだ。

まず、同時マスキングからみていこう。先述のように蝸牛内で奥側に対しては急峻な、耳の入口側に対しては緩やかな反応をする。2 つの音がある場合、図 3.7[15] のように低い音の方が高い音を隠しやすい。A が高い音で B が低

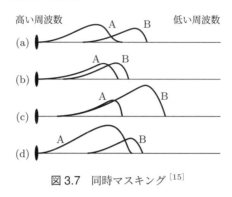

図 3.7　同時マスキング [15]

い音である。(a)，(b) の場合は 2 つの音は問題なく聞こえる。しかし、(c) のように低い音が大きくなると高い音は簡単に隠れてしまう。一方で、(d) のように低い音はその反応の形状から隠されにくい。Correlogram Museum という Web ページ [16] にアメリカ音響学会のデモが紹介されている。このうち ASA9 ではマスカ（隠す側）とマスキ（隠される側）の周波数を入れ替えたデモが用意されている。マスカは一定の大きさで、マスキがだんだんと小さくなっていく中、何回までそのマスキが聞こえるかを実験する。最初はマスキが高い周波数の場合、つぎが低い周波数の場合である。どちらが多く聞こえるであろうか？

　つぎに経時マスキングである。先ほどの同時マスキングでは同時に 2 つの音が鳴るときのマスキングであったが、今度は同時には鳴らず、マスキはマスカの前後に鳴る。先に鳴った音の方が無条件に聞こえるはずと考えてしまうが、脳の高度な情報処理は先にきた小さな音より後にくる大きな音の方が大事とみなして、小さな音は隠してしまうのである。これも Correlogram Museum にデモ ASA10 が用意されている。ASA10 では再生動画が 3 つ用意されている。最初の動画はマスキを単体で聞くものである。ピッという音（2000 Hz）が徐々に小さくなっていくので、これが何回まで聞こえるかを覚えておく。

　2 番目の動画はマスキがマスカの前にある場合、すなわち先行する音が隠される場合である。これは逆向マスキングとよばれる。ガー（マスカ）、ピッ（マスキ）、ガー（マスカ）という音が流れ、後ろのピッ、ガーの間が 100 ms、

20 ms、0 s とだんだんと短くなっていき、それぞれ 2 回ずつ繰り返される。1番目の動画（ピッだけの動画）で聞き取れた回数だけピッというマスキが聞き取れるか実験してみて欲しい。20 ms、0 s ではマスキングが確認できるだろう。

つまり、1 番目の動画（ピッだけの動画）で聞き取れた回数は聞き取れない。最後の動画はマスキが最後にある場合、つまり後続の音が隠される場合である。これは順向マスキングとよばれる。ガー（マスカ）、ガー（マスカ）、ピッ（マスキ）という音が流れ、後ろのガー、ピッの間が 100 ms、20 ms、0 s とだんだんと短くなっていき、それぞれ 2 回ずつ繰り返される。この場合は 100 ms の間隔でもマスキングが起こるはずである。つまり、1 番目の動画（ピッだけの動画）で聞き取れた回数は到底聞き取れないということだ。

このように自然界にある音の情報を人はすべて拾い集めているわけではなく、必要に応じて取捨選択を無意識でおこなっているのである。先ほども述べたように、このマスキングと音の周波数特性の双方を考慮して、音質評価指標であるラウドネスが計算される。

3.4 音の感覚と音質評価指標

音の感覚と物理量の関係を表すのに音響心理指標があるが、まずはウェーバー（Weber）、フェヒナー（Fechner）の取り組みから紹介したい。

3.4.1 感覚量と物理量の関係を求めたい

音が変化した（大きくなった）と気がつくのは元の音の大きさに比例するというのが**ウェーバーの法則**である。式は以下のように表せる。

$$\frac{\Delta I}{I} = K \tag{3.1}$$

ここで、ΔI：弁別閾、I：刺激強度、K：定数（ウェーバー比）である。弁別閾とは音の違いに気がつく変化量である。たとえば、重さの感覚で考えると 100 g が 110 g になったとき、初めて増加に気付くとすると、**ウェーバー比**は

$K = 10/100 = 0.1$ となる。その場合、$200\,\mathrm{g}$ が $220\,\mathrm{g}$ になったときに増加に気付くことになる。

この弁別閾から感覚量を記述できないかと考えたのが、フェヒナーである。**フェヒナーの法則**は以下のように表される。

$$S = L \log I + C \tag{3.2}$$

ここで、S：感覚量、I：刺激強度、L, C：定数である。これはウェーバーの法則から導き出されている。式（3.1）の刺激の弁別限で感覚量の変化が現れるのを式で表すと以下のようになる。

$$\Delta S = L \frac{\Delta I}{I} \tag{3.3}$$

$$\mathrm{d}S = L \frac{\mathrm{d}I}{I} = L \frac{1}{I} \,\mathrm{d}I \tag{3.4}$$

両辺を積分すると

$$\int \mathrm{d}S = \int L \frac{1}{I} \,\mathrm{d}I \tag{3.5}$$

$$S = L \left(\log I\right) = L \log I + C \tag{3.6}$$

この式から、刺激量が 2 倍になっても、感覚量が 2 倍 になるわけではないことがわかる。これは、さまざまな感覚、知覚に適用可能である。たとえば、アルバイトの時給が 500 円 から 2 倍 の 1000 円 になるとたいへんうれしい。しかし、同じ 500 円 増えるにしても $10\,000$ 円 が $10\,500$ 円 になっても大してうれしくない（図 3.8）。このような高次な認知レベルにも適用可能である。フェヒナーの法則は**デジベルの考え方**に適用されている。デシベルでは音圧が 10 倍 になると $20\,\mathrm{dB}$ 増加し、100 倍 だと $40\,\mathrm{dB}$ 増加する。つまり、音のエネルギーそのものではなく、それを対数にしたものを音圧の単位としている。

音圧の式を以下に示す。

図 3.8　フェヒナーの法則からみるアルバイトの時給

$$\mathrm{dB} = 20 \log_{10} \frac{P}{P_0} \tag{3.7}$$

ここで**音圧レベル**を表すには先述のように $P_0 = 20\,\mu\mathrm{Pa}$ である。P は計測対象の音圧値（Pa）とすると、フェヒナーの式がそのまま適用されていることがわかる。つまり感覚にまつわる物理量として表記されている。しかし、実際の音の大きさの知覚についてはフェヒナーの法則に合わない印象もあり、ウェーバーやフェヒナーのように閾値ではなく、感覚と刺激の大きさを実験から直接導き出した方が手っ取り早い。

　そう考えたのが、**スティーブンス**（Stevens）である。スティーブンスは式 (3.8) のような**べき法則**を適用し、感覚量は刺激強度のべき乗に比例することを示した。

$$S = L\,I^a \tag{3.8}$$

ここで、S：感覚量、I：刺激強度、L, a：定数であり、a は感覚の種類によって異なる。たとえば、音量であれば $a = 0.67$、暑さであれば $a = 0.7$、重さであれば $a = 1.45$ とさまざまな感覚量を表現できる。**表 3.1**[21] にさまざまな感覚量を表すべき指数 a の値を示す。

　このように単一の音に関する感覚は検討されてきたが、自然に存在する音や機械音はさまざまな周波数を含んでいる。そこで音質評価指標の登場である。

表 3.1　スティーブンスのべき指数

感覚経験の種類	べき指数	刺激条件
音の大きさ	0.67	3000 Hz の純音の音圧
明るさ	0.33	視覚 5°
明るさ	0.5	点光源
みかけの長さ	1.0	投影された線分
味	1.4	食塩
味	0.8	サッカリン
温かさ	1.6	腕上の温刺激
冷たさ	1.0	腕上の冷刺激
振動	0.95	指先への 60 Hz の振動
重さ	1.45	重りのもち上げ
電気ショック	3.5	指先への電流

3.4.2　音質評価指標とその評価

　音の物理量と聴覚を通した感覚による心理量を結びつけた音質評価指標には、音の大きさや鋭さ、あらさの評価をおこなうものがある。

　ここでは、まず、それらの概要を述べる。**ラウドネス**（loudness）は人が感じる音の大きさを評価する指標である。前述のように、人は 2 ～ 4 kHz あたりがよく聞こえ、低い周波数と高い周波数は聞こえにくい特性をもっている。また、大きな音が小さな音を聞こえにくくするマスキングもある。ラウドネスはこれらを考慮し音の大きさを表現しようとしたものである。

　つぎに、**シャープネス**（sharpness）は人が感じる音の高さを評価する指標である。ラウドネスの周波数特性の重心で評価する。よって高い周波数のラウドネスが大きいとシャープネスは大きくなり、甲高さを感じる。

　変動強度（fluctuation strength）は音から感じる変動感を評価する指標である。低い周期で変調するときに人は変動感を感じ、その変調が 4 Hz のときに最大値となる。**ラフネス**（roughness）は人が感じる音のあらさを評価する指標である。変動強度において、20 Hz の変調周波数を超えると、人はその変動についていけなくなり、音のあらさを感じるようになる。その変調が 70 Hz のときにラフネスが最大となる。

　以上の音質評価指標を手軽に試せるフリーソフトウェアとして、**PsySound3**[17] がある。ただし MATLAB 版しか公開されていない。校正信号と解析したい音を読み込むことで、上に述べた音質評価指標のほか、スペクトログラムなどの簡単な信号解析もできる。また、**MATLAB** の audio toolbox でも音質評価指標が使えるようになってきたため、最新の MATLAB を用いるのであれば PsySound3 は導入する必要がない。MATHWORKS のページでは音質評価尺度を用いて吸音材によるアノイアンスレベルを評価した例がプログラムと共に紹介されている。

　以上の音質評価指標であるが、過渡音、エンジン加速音や楽音など非定常な信号を用いる場合、これらの指標と物理量の対応付けに疑問を呈する報告もある[18]。これまでのラウドネスが定常騒音を評価するものであったことから、聴覚の多重解像度も考慮した時変ラウドネス[19] という非定常騒音を評価する指標も新たに取り入れられている。

　一方で、感覚の次元を決定する方法に Osgood らの SD 法（semantic differential)[22] がある。この方法により、音を聞いたときの感覚空間の次元を見出して、それぞれの感覚因子と物理量を結びつける研究もされている。たとえば、ゴルフショット音やボタン押し音などの過渡音では、音質評価指標だけでなく、ウェーブレット解析という時間周波数解析から抽出された特徴量による重回帰分析結果が各因子とよく一致するという報告[23] もある。

　次章ではこれらの標準化動向について述べるとともに実際の評価におけるソフトウェアの使い方についても紹介する。

3

聞こえの仕組みを評価に

Lecture.4　聞こえの数値化 ―音質評価響指標―

　　ここでは音質評価指標について人の感覚と比較しながら概観し、音質評価指標が計算できるフリーソフトを紹介する。まずラウドネスの標準化 ISO 532:2017 について述べ、そのほかの音質評価指標の標準化の状況を紹介した上で、フリーソフトウェア PsySound3 の使用方法について述べる。ISO 532:2017 に多くの紙面を割くのは 2022 年 4 月現在の多くの文献や書籍の記述が ISO 532:1975 にもとづくものであるためである。

4.1　ラウドネス

ラウドネスは ISO 532:2017 で標準化されている。この規格は 3 部構成となっており、Part 1 が Zwicker 法で定常音と非定常音を対象にしており[24]、Part 2 が Moore–Glasberg 法で、定常音および両耳受聴[25]、Part 3 が Moore–Glasberg–Schlittenlacher 法で時間変動音に対して Part 2 を拡張したものである。なお、Part 3 は策定中である（2022 年 4 月現在）。

4.1.1　Zwicker 法

　図 4.1 に **Zwicker 法**のラウドネス計算方法を示す。入力された音は右端のフィルタ群により周波数ごとに分類される。先述のように蝸牛での周波数分析をこのフィルタに置き換えるので、このフィルタ群を**聴覚フィルタ**とよび、その幅を**臨界帯域幅**とした。臨界帯域とは何であろうか。蝸牛では聞いた音に一番近い中心周波数をもつ帯域フィルタで周波数分析をおこない、その音のマスキングに影響を及ぼす雑音成分はこの帯域フィルタ内の周波数成分に限られると Flether は定義した。

　その帯域フィルタのバンド幅（周波数の範囲）が臨界帯域（CB）である[26]。

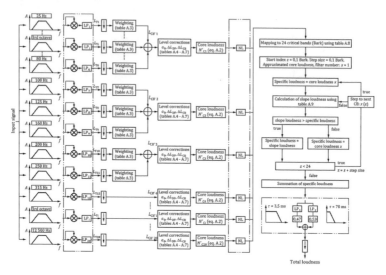

図 4.1　Zwicker 法のラウドネス計算方法[24]

ISO 532:1975 におけるラウドネスの規格では**1/3 オクターブバンド**が使われて
いる。これを臨界帯域に改めることにより、300 Hz 以下での改良がおこな
われた。なお、1 オクターブとは音の高さが 2 倍になることだ。1 オクターブ
を帯域通過型フィルタの中心周波数で 1/3 の比率にわけて、フィルタ分析す
るのが 1/3 オクターブ分析である。

　ちなみにピアノの 12 音階は 1/12 の比率にわけたもので、ピタゴラスの音
階が元になっている。なお、低域以外は 1/3 オクターブと臨界帯域幅はほぼ
一致するので、1/3 オクターブ解析で音の特性をみることが多いのはこのこと
にもよる。

　さて、図 4.1 の最後の部分（図の右下部）のフィルタが時間変動音に対応す
る部分である。時定数（音への反応速度）を変えることにより時間変動に対応
している。なお、定常音を解析する場合、ここのフィルタ部分は飛ばされる。
実行ファイル、C 言語のソースファイルは ISO のサイト[27]でダウンロード
可能であり、wav ファイルにも対応している。

4.1.2 Moore–Glasberg 法

図 4.2 は **Moore–Glasberg 法** によるラウドネス計算方法である。バイノーラルすなわち両耳受聴が考慮に入れられている。たとえば、両耳に同じ音が入ってくる場合、ラウドネスは 2 倍になるといったことである。このような場合を**ダイオティック受聴**という。

しかし、通常は両耳に入ってくる音は少なくとも位相は異なっている。このような場合をダイコティック受聴といい、この場合は片耳ずつラウドネスを計算し、加重総和計算をおこなう。図 4.2 は規格書からの引用である。

まず、鼓膜までの伝達関数をたたみ込み、そこから計算される刺激パターンよりラウドネス密度による面積計算をする流れである。Zwicker 法とは異なり、臨界帯域幅ではなく、等価矩形帯域幅を採用している。

等価矩形帯域幅は ERB_N（アーブエヌ）とよばれ、N は被験者数である。ちなみに帯域幅を 1 としたスケールは、臨界帯域幅が Bark であるのに対し、等価矩形帯域幅が Cam という単位である。Cambridge からとったものという。ERB_N は蝸牛のフィルタバンクの場所を示しており、実験により蝸牛の場所と値が一致するように定められている。よって、より聴覚に対応した帯域幅としてさまざまな分野で使われ始めている。こちらの実行ファイル、ソースファイルも ISO のサイト[28]から入手可能であるが、wav ファイルには対応

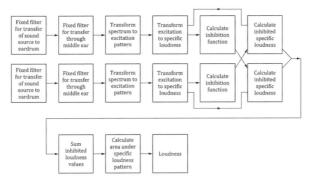

図 4.2　Moore–Glasberg 法によるラウドネスの計算方法[25]

しておらず、音データを一度テキストファイルに変換し、データ入力しなければならない。

　これら 2 つのモデルは臨界帯域幅と矩形帯域幅をそれぞれ用いるという点が主として異なり、また、Part 2 の Moore モデルではフィルタ形状が非対称でレベルに依存する特性も有している。これらの計算法の違いから当然 2 つの結果の値は異なっており、音源にもとづいた選択が必要である。さて、この Moore モデルのフィルタ特性についてはまだ現状策定中（2022 年 4 月現在）である Part 3 の元となる時変ラウドネス[29] を通じて次節でみてみよう。

4.1.3　Moore–Glasberg–Schlittenlacher 法

　図 4.3[29] は Part 3 の元となる時変ラウドネスの計算方法である。まず、外耳・内耳の伝達関数は FIR フィルタで実現され、そのフィルタ出力された、すなわち重み付けされた信号のランニングスペクトルが計算される。スペクトルを計算するためにレンジを 6 つ（25 〜 80, 80 〜 500 500 〜 1250, 1250 〜 2540, 2540 〜 4050, 4050 〜 15 000 Hz）にわけて FFT 計算することで聴覚の多重解像度を実現している。とはいえ、これは後述するウェーブレット解析でも実現可能であるが、ここではフーリエ変換が用いられる。

　さて、前回のマスキングの際にも出てきた周波数を横軸としたときの非対称な興奮パターンについては聴覚フィルタから説明できる。図 4.4[30] 左図に示

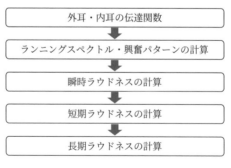

図 4.3　時変ラウドネスの計算

すように聴覚フィルタは周波数が高いと裾野が広がる。これを 1 kHz でそれぞれのフィルタの漏れ込みをプロットしていくと興奮パターンとして 図 4.4 右図の反応が得られる。このようにして、非対称な反応（興奮）パターンが得られる。

　最初に算出される瞬時ラウドネスは短期ラウドネスと長期ラウドネスの計算の元となるもので、短期ラウドネスは短い音の部分に着目した音の大きさの知覚であり、たとえば、音声でいうと音節の大きさを知覚するような感じである。全体的な話しの音の大きさは記憶も必要で、話が終わった後も音の大きさの印象がしばらく続くだろう。

　これは長期ラウドネスとして計算される。図 4.5 は自動車加速音の時変ラウドネスである。短期ラウドネスは運転しながらその時々で知覚する音の大き

4

聞こえの数値化 ── 音質評価響指標 ──

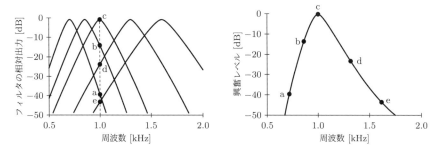

図 4.4　聴覚フィルタから導かれる興奮パターン

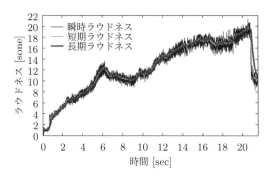

図 4.5　自動車加速音の時変ラウドネス計算結果

さ、長期ラウドネスは加速が終わって余韻に浸っているときの音の大きさという感じであろうか。このように時間的に刻々と変わる音の大きさの印象が規格化されるのはとても興味深い。

なお、この時変ラウドネス計算ソフトウェアは Moore 教授の Web サイト[31] からダウンロードできる。ただし、両耳受聴に対応しておらず、Part 2 の拡張にはなっていない。現状、MATLAB 版と C 言語版が用意されている。

4.2 シャープネス、ラフネス、変動強度

これら 3 つについてはまだ ISO で標準化されていないが、ラウドネスに次いでよく使用されるので、それぞれについてみていこう。

4.2.1 シャープネス

シャープネス（Sharpness）は音の「鋭さ」の感覚である。周波数特性のスペクトルの重心とよく一致する[32]。それはラウドネスベースのスペクトルの重心がシャープネスであるためである。N' を臨界帯域毎のラウドネスとすると、全ラウドネス N は以下の式のようになる。

$$N = \int_0^{24\mathrm{Bark}} N' \, \mathrm{d}z \tag{4.1}$$

これを用いて、ラウドネスベースのスペクトル重心を $g(z)$ で重み付けをしながら計算するのがシャープネス S であり、次式で求められる。

$$S = 0.11 \times \frac{\int_0^{24\mathrm{Bark}} N' \, g(z) \cdot z \, \mathrm{d}z}{\int_0^{24\mathrm{Bark}} N' \, \mathrm{d}z} \tag{4.2}$$

z は臨界帯域番号である。重み関数 $g(z)$ はほぼ 1 で、$z = 16$ から徐々に増加し、z=20 で $g(z) = 2$、$z = 24$ で $g(z) = 4$ の重み値になる。心理実験の結果から $g(z)$ は求められた重み関数である[33]。また、ドイツでは DIN45692 としてシャープネスは規格化されている。単位は acum（アキューム）で、中心周波数 1 kHz、60 dB の臨界帯域幅の狭帯域雑音が 1 acum として定義され

る。acum は sharp のラテン語である。

4.2.2 ラフネス

ラフネス（roughness）は音の「粗さ」の感覚である[34]。音の波形の包絡線（概形）や周波数の変動によって生じる感覚であり、変動の大きさや速さ、音の大きさが影響を与える。ラフネスは時間マスキングパターンを使ってモデル化されている。音の包絡波形ではなく、変調による経時マスキングも考慮に入れてモデル化しようとしたのである。また、さらに臨界帯域毎に周波数上の同時マスキングも考慮されている。ラフネス R の計算式を以下に示す。

$$R = 0.3\, f_{\mathrm{mod}} \int_0^{24\mathrm{Bark}} \Delta L(z)\, \mathrm{d}z \tag{4.3}$$

ここで f_{mod} は変調周波数、$\Delta L(z)$ はマスキングを考慮した上での変動である。単位は asper（アスパー）で、（搬送）周波数が $1\,\mathrm{kHz}$ で、変調周波数が $70\,\mathrm{Hz}$、変調度 1 の $60\,\mathrm{dB}$ の音が $1\,\mathrm{asper}$ である。asper は rough のラテン語である。

4.2.3 変動強度

変動強度（fluctuation strength）は音の変動感の強さである[34]。

これもラフネス同様、音の波形の包絡線（概形）や周波数の変動によって生じる感覚であるが、変化がゆっくりの場合、音の粗さではなく変動感として知覚される。ラフネスと同様に変動の大きさや速さ、音の大きさが影響を与える。これもマスキングを考慮してモデル化されており、変動強度 F は以下の式で表すことができる。

$$F = \frac{0.008 \int_0^{24\mathrm{Bark}} \Delta L(z)\, \mathrm{d}z}{\dfrac{f_{\mathrm{mod}}}{4} + \dfrac{4}{f_{\mathrm{mod}}}} \tag{4.4}$$

単位は vacil（ベイシル）で vacillate のラテン語である。（搬送）周波数が $1\,\mathrm{kHz}$ で、変調周波数が $4\,\mathrm{Hz}$、変調度 1 の $60\,\mathrm{dB}$ の音が $1\,\mathrm{vacil}$ である。

4

聞こえの数値化 ― 音質評価指標 ―

4.3 音質評価指標フリーソフト PsySound3

　これらを解析できるフリーソフトとして、シドニー大学で開発された PsySound3[35], [36] があり、2022 年 2 月 19 日現在、最新版が 2014 年版 となっている。これは MATLAB2014 上で動作するが、MATLAB 最新版で は audio ファイルの読み込みがうまくいかない。そのため、wavread 関数を audioread 関数に変更するなどソースファイルの変更が必要となる。ただし、 audio toolbox がインストールされているならこのソフトウェアは導入する必 要はない。

Step 1: Files

　図 4.6 のようにディレクトリ（フォルダ）を指定すると wav ファイルなど のオーディオファイルが表示される。解析したいオーディオファイルを選択 後、Add file ボタンを押して、解析ファイルを右側の Files chosen の表に表 示させる。

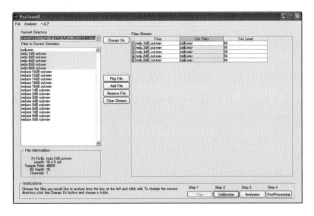

図 4.6　PsySound3 のファイル読み込み画面

Step 2：Calibration

　図 4.6 の中央のボタンに Associated File が加わるので、校正信号のファイルを選んで、そのボタンを押し、校正信号のレベル（たとえば 94 dB）を入力する。

Step 3: Analyzer

　ここで解析を選択する。音質評価指標のほか、スペクトル解析や 1/3 オクターブ解析などが可能である。おこないたい解析をクリックしたら、右下に現れる "Analysis Actions" の中から "Run Analysis" をクリックし、解析を始める。

Step 4: Post Processing

　図 4.7 のように解析結果の一覧が表示されるので、確認したい解析結果をクリックすると、右側に結果が表示される。図 4.7 はシャープネスの解析結果である。左に表示される解析結果のうち、緑のグラフマーク、青の 2D グラフマークについては、結果がグラフィック表示される。なお、図 4.7 は船内騒音

4

聞こえの数値化 ― 音質評価響指標 ―

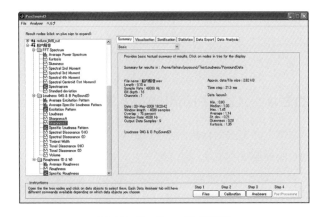

図 4.7　PsySound3 解析例

（機関室隣室）のシャープネス解析結果である。音質評価指標が計算できるフリーソフトはほかにないため、環境に制約はあるものの音質評価指標がどのようなものであるかを試してみるには有用である。

4.4 離散周波数音 (Tone–to–Noise Ratio and Prominence Ratio)

騒音の中でもポーとかピーという純音は目立って聞こえ、不快でもある。この離散周波数音に関する標準化が ISO 7779 である[37]。そもそも ISO 7779 は IT 機器から発生する騒音の測定方法を定めた国際規格であり、日本では JIS X 7779「音響 – 情報技術装置から放射される空気伝搬騒音の測定」として規格化されている。離散周波数音に関してはこの規格の中の付属書 D に記述されている。

4.4.1 トーン/ノイズ比 (Tone–to–Noise Ratio)

周波数特性において鋭いピークがあったとき、これが離散周波数音である。この音以外をノイズとしよう。このとき、離散周波数音のパワー X_t とその周波数を中心とする臨界帯域内のノイズのパワー X_n との比を Tone–to–Noise Ratio ΔL_r とする。

$$\Delta L_r = 10 \log_{10} \frac{X_t}{X_n} \,[\text{dB}] \tag{4.5}$$

4.4.2 プロミネンス比 (Prominence Ratio)

その臨界帯域幅内に 1 つだけ鋭いピークがある場合はトーン/ノイズ比で問題ないが、同じ臨界帯域内に 2 つ以上ピークが存在したらどうなるのか？ そこで、鋭いピークをもつ臨界帯域とその両隣の臨界帯域との比をとろうというのが Prominence Ratio である。

これらもやはり解析する音の性質に気をつけなければならないが、これらによってピーという不快な音がどの程度なのかを規格化し評価できる。IT 業界

ではハードディスクやパソコンの音の評価に用いられている。

4.5 音質評価指標をどう使うか

さて、音質評価指標をどう使えばいいのだろうか。音の大きさや甲高さを人の聞こえを考慮した客観的な数値として用いる検討は多くおこなわれてきている。また、重回帰分析などでこれらを組み合わせることにより、さまざまな音の快適性や不快さも定義することもおこなわれてきた。

たとえば、桑野らは交通騒音がさまざまな材質の壁や窓を通過して室内に浸透した音についての快適性（不快感）を**コンフォートインデックス**としてつぎのように定義している[38]。

$$\text{CI} = \frac{1}{10}L_{\text{Aeq}} + \text{sharpness} \tag{4.6}$$

たしかに騒音レベルと音の甲高さが小さくなることにより、騒音は不快さが減っていくので納得できる結果ではある。また、大富らは掃除機の音をラウドネス、シャープネス、ラフネス、変動強度の心理音響指標と官能評価結果の関係を求めている[39]。

著者の適用例は後述の時間周波数解析と音質評価指標との比較の項で述べるが、多く使うのはラウドネスである。ただ、それを指標として使うのではなく、正規化のために使うことが多い。たとえば、自動車加速音の場合、加速による時間変化率と音の大きさ（ラウドネス）には関連がある。時間変化率だけの聴感印象だけ評価したい場合はラウドネスで正規化してしまえばよい。すると、時間変化よりもむしろラウドネスがスポーティ感に関連深いことがわかったりする[40]。これについても適用例の項で後述することにする。

今回は音質評価指標について最新の標準化動向を交えて述べた。定義ばかりで退屈だったかもしれない。次章は、音の評価実験の進め方について述べていくことにしたい。

4

聞こえの数値化 ─音質評価響指標─

Lecture.5 音の評価実験の進め方

　　ここではサウンドデザインを進める上で必須となる心理実験の概略と実際の実験の進め方について述べる。

5.1　官能検査の分類

　サウンドデザインにおける聴感評価は**官能検査**（Sensory inspection, Sensory evaluation）を用いる。これは、人間の感覚を用いておこなう検査または評価であり、人間でなければできない、もしくは、人間がおこなったほうが適切な検査評価である。自動車のデザイン、音、カップ麺の味、PC のデザイン、掃除機の使い勝手などその応用範囲はさまざまである。

　表 5.1 は官能検査評価の分類[2] である。画像処理技術や認識技術の進歩により自動化が進み、ほぼ人の手を離れつつある「分析型」と最近非常にニーズが増えてきた「嗜好型」がある。この嗜好型分析にもとづき感性に訴えた商品

表 5.1　官能評価の種類[2]

分類	分析型	嗜好型
目的	人間の感覚器官を測定器とした対象の特性評価	人間の好み、感情を用いた対象の評価
評価者	・専門家 ・少人数 ・識別能力大 ・客観的判断	・素人 ・多数 ・特別能力不要 ・主観的判断
適用分野	・品質検査 ・工程管理	・嗜好検査 ・イメージ調査
例	・自動車乗り心地 ・欠陥、傷、ゴミなど ・音質、騒音 ・味、香、布の風合い ・使いやすさ	・車、家などの好み ・服装 ・色彩、形 ・味、香 ・音、音楽

が増えてきている。関連規格として、官能評価分析─用語（JIS Z8144:2004）、官能評価分析─方法（JIS Z9080:2004）がある。

5.2　感覚の次元

　さて、官能評価により音とその印象の関係を調べるわけであるが、その印象の大元となる感覚を量ることはできないだろうか。まずは**感覚の次元**を考える必要がある。感覚は何次元で実現されているかということである。それには対象の特性が必要だ。「この音について判断してください」といわれても「はぁ…」となってしまうが、「この音の高さはどうですか？」とか「この音の大きさはどうですか？」とその特性を絞られれば容易に判断できる。

　これら一つひとつが感覚の次元を表すものであるとすると、感覚を完全に測定するにはどれだけの次元が必要であろうか。この次元とはヒトが心理的にその対象を評価しようとするときの評価基準の座標の数と考えればよい。

　たとえば、音であればその大きさ、高さ、音色の 3 つの軸が考えられる。シンバルの音は大きさ：大、高さ：大、音色：中といった感じである。感覚空間を仮定して、それが何次元で構成されているかを実験的に求める方法が MDS（**多次元尺度法**、multidimensional scaling）と **SD 法**（semantic differential）である。

　MDS は、まず、（a）刺激間の距離を刺激相互の類似性の指標として求める。つぎに、（b）多次元空間の次元数を決定し、各刺激がこの空間内でもつ距離および座標軸への投射を決定する、という方法である。

　一方、SD 法は対象の情緒的意味（内包的意味）を測定する方法である。次元が決定したら、その次元にどの程度の感覚量があるかを調べる方法として、2 つのデータをすべての組み合わせで比較し、その大小、優劣を比較する一対比較法、MUSHRA 法などがある。では、順を追って説明する。

5.3 心理実験方法

5.3.1 SD 法

SD 法は評価対象に対する人間の評価構造（意味空間）を明らかにすることにより、対象の位置付け（評価）を明確にする手法である。1957 年に C. E. Osgood により「概念の情緒的意味は文化や言語によらず、評価性（Evaluation）、力量性（Potency）、活動性（Activity）の 3 因子による」という説が提唱された。これを用いた手法が SD 法である。表 5.2 に Osgood 因子の解釈を示す。表 5.3 はこれを音の 3 因子とした場合の解釈である。ただし、必ずこのような因子になるとは限らない。スポーツ感因子、高級感因子などその音の性質を表因子も得られる。

表 5.2　Osgood の因子の解釈

因子の解釈	因子を構成する評価項目
評価性 （Evaluation）	よい／悪い、快／不快、美しい／醜い
力量性 （Potency）	強い／弱い、重い／軽い、柔らかい／硬い
活動性 （アクティビティ）	速い／遅い、活発／不活発、動的な／静的な

表 5.3　音の因子の解釈

因子の解釈	因子を構成する評価項目
美的因子 （音色）	柔らかい／堅い、澄んだ／濁った、快／不快、美しい／醜い
迫力因子 （大きさ）	迫力のある／ものたりない、強い／弱い、重い／軽い
金属因子 （高さ）	金属的な／深みのある、甲高い／落ち着いた

5

音の評価実験の進め方

① SD 法の進め方

この SD 法の手順は以下の通りである[2]。

a）対象に関係するイメージ形容詞対を多く集める。

b）似たような言葉を取り除き整理する。

（分析により同一因子に属するものを整理）

c）対象に関する多くのサンプルを多くの評定者にみせ、評定尺度で評価してもらう。

d）「因子分析」によりデータを分析し、因子を求める。

（因子は評価対象に対する評価者の意味空間の座標を与える。多くの形容詞の代わりに少数の因子で、ある程度評価や意味付けが可能となる）

e）因子座標空間上に評価対象を位置付ける。

（対象の種々の意味付け、評価が明確になる）

図 5.1 に SD 法の概念を示す。共通因子が感覚の次元とすると、その感覚の次元で音を評価しながらアンケートを記入する。逆にいえば、そのアンケート結果から感覚の次元を因子分析で推定するという考え方である。

このときに因子が実験のたびごとに変化するようでは、基本因子とはいえない。したがって、ある領域における意味ある変数を発見するためには、**因子の不変性**の確認が必要である。この確認の後、第 2 段階としての空間の定義を

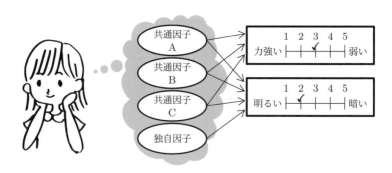

図 5.1　SD 法の概念

おこなうこととなる。

図 5.2 に**評定尺度**の例を示す。形容詞対を左右に配置し、その程度を実験参加者にチェックしていってもらう。この例では "○" になっているが、図 5.1 のような "✓" でも "✗" でもよい。また、この例では評価が 5 段階になっている。これは **5 件法**といわれる。ただ、遠慮深い日本人の間では極端な "非常に"

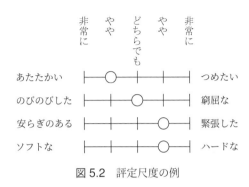

図 5.2 評定尺度の例

を評価する方々は少ないため、実質中央の 3 段階評価になってしまうことが多い。このため、**7 件法**（7 段階評価）をお勧めする。これを用いて、実際に音を聞きながらチェックしていく実験となる。評価項目である形容詞の選び方は以下の通りである[41]。

- 人によって受け取り方が違うようなあいまいな解釈は避ける。
- どの刺激に対しても同じ反応を示す形容詞は不適当。
- 抽象的、理論的なものは避け、感覚的、直感的なものを用いる。
- 類似のものは 1 つのものにまとめ、全体の構成が変化に富むようにする。
- 価値判断に関するものは隔たらないようにする（好き / 嫌い）。
- SD 法の基本尺度（評価性、力量性、活動性）に関連するものは入れるようにする。
- 五感（視覚、聴覚、触覚、嗅覚、味覚）に関連するものを入れる。
- 原則的に反対語を用いる。否定語を用いることもある。

形容詞の選択は評価したいイメージにもとづき**ブレインストーミング**で抽出していくのがよい。その基本ルールは以下の通りである。

無批判：	批判しない、他人の発想を妨げない
自由奔放：	自由に発想する。自分や相手の発想を妨げない
量：	できるだけ多く発想する。量の中からアイデアが浮かぶ
簡単な改善：	発想の組み合わせを改善する

図 5.3 はブレインストーミングによる形容詞出しの様子である。テーマを決めて、紙片に思い付くだけ形容詞を書き、それを机に並べ、似たものをまとめていく。表 5.4 は自動車加速音の評価に用いた形容詞である[41]。この場合は「自動車加速音にふさわしい形容詞を出そう！」というのがお題であった。この 45 対の形容詞に対して被験者に加速音を聞かせ、あまり寄与しない形容詞を削除していく。

図 5.3　ブレインストーミングで形容詞を考える

表 5.5 は因子分析の結果である。表の中の数字は因子負荷量というが、これが 0.4 以下つまりほとんど寄与していない場合や他因子との因子負荷量の絶対

表 5.4　自動車加速音を評価する形容詞[41]

聞きなれた	かっこいい	単純な	激しい　楽しい
伸びやかな	聞きやすい	爽快な	暖かい
響きのある	きれいな	速い	安らかな
柔らかい	奥ゆかしい	繊細な	滑らかな
スポーティな	快適な	力強い	高い
高級感のある	賑やかな	控えめな	重い
奥いきのある	うるさい	澄んでいる	鋭い
はっきりとした	明るい	ふわふわした	連続した
閉まっている	和的な	晴れやかな	熱い
加速感のある	興奮する	艶やかな	丸い
詰まったような	迫力のある	乾いた	ワクワク感のある

表 5.5　形容詞対の絞り込みと因子分析結果

形容詞対		因子		
		因子 1	因子 2	因子 3
かっこいい	かっこ悪い	0.823	0.366	−0.090
連続した	断片的な	0.797	−0.089	−0.478
聞きやすい	聞きにくい	0.777	0.005	0.000
ワクワク感のある	ときめかない	0.775	0.244	0.063
高級感のある	安っぽい	0.754	−0.029	−0.300
快適な	不快な	0.728	−0.272	0.163
安らかな	不安な	0.692	−0.291	0.109
艶やかな	色気のない	0.641	−0.143	−0.176
伸びやか	伸びのない	0.610	−0.030	0.202
楽しい	退屈な	0.585	0.138	0.229
爽快な	鬱屈な	0.573	0.171	0.335
奥ゆかしい	下品な	0.560	−0.381	−0.083
澄んでいる	濁った	0.525	−0.341	0.355
スポーティな	スポーティでない	0.501	0.216	0.259
暖かい	冷たい	0.426	−0.051	−0.047
迫力のある	大人しい	0.180	0.876	0.103
控えめな	派手な	−0.210	−0.853	−0.009
激しい	優しい	−0.190	0.821	0.158
賑やかな	寂しい	0.009	0.645	0.191
うるさい	静かな	−0.207	0.623	−0.084
興奮する	落ち着いた	0.380	0.616	0.010
柔らかい	硬い	0.382	−0.591	0.080
繊細な	荒い	0.204	−0.570	0.142
ふわふわした	ごつごつとした	0.114	−0.507	0.304
重い	軽い	0.389	0.304	−0.845
明るい	暗い	−0.131	0.066	0.840
響きのある	響きのない	−0.075	0.151	0.703
晴れやかな	曇った	0.251	0.183	0.629
鋭い	鈍い	−0.104	−0.051	0.615
高い	低い	0.017	0.060	0.581

値の差が 1.5 未満（この場合、横に並んでいる数と比較する）の場合を削除した結果である。

　すると、表 5.4 の形容詞対から 15 の形容詞対が削除され、30 の形容詞対に

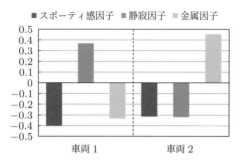

図 5.4　車両間の因子得点の比較

絞り込まれている。因子の普遍性が確認されたなら、因子 1 がスポーティ感因子、因子 2 が静寂因子、因子 3 が金属因子というように名付けてもよいだろう。

　実験材料の数としては、20 尺度（形容詞対)/分 程度に設定する。また、被験者への教示として、目的、尺度値の意味とマークの付け方、速度（20 尺度/分）と第一印象・真の印象が必要である。被験者の数は 20 名 程度とするとよい。

　因子分析ができたならアンケートの際に入力した得点を用いて、因子得点を出すことができる。図 5.4 は車両を変えた場合の因子得点の比較である。スポーティ感因子は同程度であるが、静寂因子と金属因子の得点が逆転しており、スポーティ感は同程度でも車両 1 は静かで甲高い音が少なく、車両 2 はあまり静かではなく音は甲高い様子もわかる。音の変化がヒトの感じ方からもこれでばっちりわかるのだ。

② SD 法の実際

　SD 法のアンケート用紙は紙ベースでおこなってもよいが、著者らは Excel を使って PC 画面で評価できるようにしている。形容詞対の順序もランダムに変化させ、順序の偏りがないようにしている。その評価画面を 図 5.5 に示す。実験をおこなう際には実験の概要と手順を説明する必要がある。以下は説明例である。

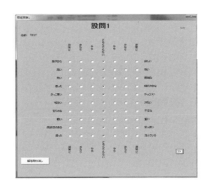

図 5.5　SD 法評価ソフトウェア

■"実験概要" の説明　まず、実験が始まる前にその目的を被験者に教示する必要がある。目的によってはまったく教示しないで始める場合もある。
「今回の実験では、あるイメージ画像をみながら、1 曲 10 秒程度の楽曲を視聴していただき、各形容詞対（16 項目）について評価をおこなっていただきます。イメージと音の関連についての実験です。」

■"進め方" の説明　この例では無響室内に被験者に入っていただき、実験をおこなっている。実験室内の様子はカメラで確認でき、双方向に音声通信できるような環境を整えている。また、会議室で実験する場合は同じ部屋で教示を与えればよい。

1. ヘッドホンを装着してください。
2. 準備ができたら、実験者に合図をしてください。
3. まず始めに、今回使用する楽曲、5 曲をすべて視聴していただきます。
4. 「ピー」という合図音の後、1 曲流れるので、判断結果に当てはまるラジオボタンを選択してください。右下の「→」でつぎのページになります（全 2 ページ）。

※このとき、できるだけすばやく直感で判断してください。5. 回答中は同じ曲をループ再生します。1 曲分の回答が終わったら合図をしてください。6.

4. に戻り繰り返します。7. 全試行が終了すると「回答終了」と表示されます。

■**注意**　手順の後は以下のような注意を与える。

1. 設問は 5 つあり、実験時間は約 10 分です。
2. リラックスして聞いてください。
3. 途中で体調が悪くなった場合や、疑問点が生じた際には実験者に知らせてください。

以上の説明が終わった後、一通り、刺激音を提示し、実験をスタートする。

5.3.2　一対比較法

① 一対比較法の進め方

　因子分析で音の次元がわかり、音の評価の座標が明らかになったら、今度は"スポーティ感がどの程度違うのかを評価したい"とか、"音の明瞭度の印象の違いをみたい"など、ある軸に注目し、より詳細に印象差を比較したい場合がある。

　そのような場合、**一対比較法**が有効である。一対比較法は数個の刺激（音）を 2 つずつ対にして提示し、比較判断を求める方法である。判断が簡単であり、適用範囲も広いという利点もある。また、音の印象がどの程度異なるかというような心理的距離である**間隔尺度**に変換できる。以下はその手順である。

1. 評価したい因子を設定
2. 評価用紙を作成
3. Thurston の方法と Scheffe の方法を選ぶ。
4. 実　験
   a. 評価音を複数用意
   b. それぞれの音を被験者に聞かせながら評価用紙を記入してもらう
   c. 間隔尺度の計算

Thurston の方法と Scheffe の方法の違いは以下の通りである。

■Thurston の方法

- A と B のどちらが好ましいかを選ぶ強制選択である。
- 差があまりない場合に適している。
- 刺激数が多いと、試行回数が増す。
- 比較的多くの実験参加者が必要。

■Scheffe の方法

- どちらがよいか 5 〜 7 段階評価。
- 1 回の試行で得られる情報が多い。
- 差が大きい場合に適している。
- 実験参加者が少なくてよい。

　間隔尺度を求めるためには得られた結果から選択率を求めて標準正規分布の逆関数から平均値を求める必要がある。間隔尺度を求める方法として Web に例題と Excel ワークシート[42] が公開されているので、参考にされたい。図 5.6 は車内スピーカを変化させて音の明瞭感について一対比較し、間隔尺度を示した例である[43]。この結果では 2 番のスピーカがほかのスピーカより群を抜いて明瞭度が高いと評価されていることがわかる。

　以上のように、一対比較法はほとんどの刺激（音）に適用でき、判断が単純であるため、信頼性も高い。また、どの程度印象が異なるかということを直線上に各刺激を配置でき、心理的距離もわかる。また、その計算も単純である。しかし、刺激（音）数が多いと、そのぶん試行回数が増える。つまり、何度も

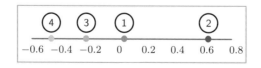

図 5.6　間隔尺度の例

音を聞かなければならず、刺激音が多いと疲れからくる誤差の影響を考えなければならない。

② 一対比較法の実際

　ここで紹介するのは、どちらの音がよいか、どちらの音がどの程度よいかを選ぶ課題である。以下に SD 法と同様、説明例を掲載しておく。

■実験概要の説明　「今回の実験では、3 種類の加速感の違うエンジン音を聞いた際に、どちらが快適と感じたかを一対比較法を用いて評価します。実験は以下の通りに進めます」のように実験概要を説明する。

■実験の進め方　図 5.7 に以下の説明時に用いる図を示す。A 音と B 音を聞いて評価するという手順であり、先行予告信号の後に刺激（評価する音）が流れる。そして最後の 8 秒で評価をするという手順である。また、評価用紙は図 5.8 に示すように Thurston の方法であれば、音源毎に音源 1（先）、音源 2（後）のどちらかを聞くだけでよい。Scheffe の方法では、音源 1（A）と音源 2（B）について、どちらがどの程度よいか 5 または 7 段階で評価すればよい。図 5.9 の例では 7 段階で評価している。

　さて、以下は実際の説明例である。これは 図 5.9 の実験例である。

1. 椅子に座り、ヘッドホンを装着してください。
2. 2 種類のエンジン音をそれぞれ 10 秒間流します。「ピピッ」という合図でまず 1 つ目のエンジン音が 10 秒流れたあと、「ピッ」の合図で 2 つ目のエンジン音が 10 秒流れます。8 秒後につぎの「ピピッ」という合

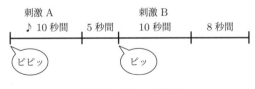

図 5.7　実験の説明図

どちらが「加速感として心地よい」か，○をしてください.

(1)	先	後
(2)	先	後
(3)	先	後
(4)	先	後

図 5.8 Thurston の方法の例

A，B のどちらかのエンジン音について快適と感じるエンジン音を選択し，○で囲ってください．また，その際にどの程度快適かについても選択をしてください．

```
       非常に かなり やや 同程度 かなり やや 非常に
A）A  −3——−2——−1—— 0 —— 1 —— 2 —— 3  B
B）A  −3——−2——−1—— 0 —— 1 —— 2 —— 3  B
C）A  −3——−2——−1—— 0 —— 1 —— 2 —— 3  B
D）A  −3——−2——−1—— 0 —— 1 —— 2 —— 3  B
E）A  −3——−2——−1—— 0 —— 1 —— 2 —— 3  B
F）A  −3——−2——−1—— 0 —— 1 —— 2 —— 3  B
```

図 5.9 Sheffe の方法の例

図音が流れるので、それまでにどちらのエンジン音が快適と感じたか、どの程度快適だったかを紙に記入してください。

3. これをすべてで 6 セットおこないます。

■注意事項について 以下のような注意事項についても説明する。

1. リラックスして聞いてください。
2. 途中で体調が悪くなった場合や、疑問点が生じた際には実験者に知らせてください。

以上の説明が終わった後、一通り、刺激音を提示し、実験をスタートする。

次項では一対比較法の問題点とそれを解決するための手法について説明し、SD 法からの評価の流れを総括するとともに、実際の適用例について説明したい。

5.3.3　MUSHRA 法

　さて、一対比較法においては、多くの音を聞きながらどちらがよいか、あるいはどちらがどの程度よいかを判断していくものであった。その実験過程において、被験者が「あれ？　さっきの音ってどんな音だったかな？」と判断に支障をきたすこともある。その場合、被験者のタイミングで何度も音を聞きながら、判断を求めていくのが望ましい。

　ここで紹介する **MUSHRA 法**は、被験者のタイミングで何度も試験音を聞き直しながら相対比較して判断を求めていく方法である。これは ITU 標準 ITU–R BS.1534–1 で規定されており、主に圧縮音楽などの音響コーデックの劣化評価に用いられることを想定した評価方法である [44], [45]。

マシュラさんって
こんな感じかな？
いやいや，名前じゃないって…

　MUSHRA は人名ではない。MUltiple Stimuli with Hidden Reference and Anchor の略である。リファレンスとした基準音に対し、隠れ基準音（リファレンスと同じ音）と隠れアンカ音（あえて音質を悪くした音）を含めた複数の試験音の劣化量を「非常によい（Excellent）」に相当する 100 点から「非常に悪い（Bad）」に相当する 0 点の間の連続量として評価する。このとき、隠れ基準音が含まれていることを被験者に伝え、評価対象音のうちこれに相当すると思われる試験音に対して必ず 100 点を含めるよう被験者に指示する。また、隠れアンカ音は評価の下限値を規定するために含まれており、音響コーデックの劣化実験では 3.5 kHz をカットオフとする低域通過フィルタを適用した試験音を用いる。これは昔の電話品質を基準としている。前節で述べたエンジンサウンドの実験では明らかに音質の悪いものを隠れアンカ音として用いるのがよい。

　評価においては、基準音以外の試験音の提示する順番はランダムに変わり、どれが隠れ基準音か、隠れアンカ音か被験者にはわからない。さらに、被験者が自由に音を切り替えて聞くことができる。MUSHRA 法を使用するためのフリーソフトとしては、MATLAB 上で動作する MUSHRAM が公開されて

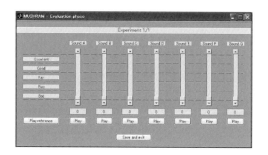

図 5.10 MUSHRA 法の評価画面

いる[46]。しかしこれは MATLAB2007 などの古いバージョンでしかうまく
動かないため、修正して使う必要がある。図 5.10 に MUSHRAM の実行画
面を示す。左の Play reference のボタンを押すと、リファレンス音が流れる。
この例では Sound A から Sound G まで 7 つの音が準備されており、このう
ちのどれか 1 つはリファレンス音と同じものが入っている。被験者は "これが
リファレンス音だ" と思ったら Excellent までレバーを上げる。また一方でア
ンカ音（音質が悪いもの）も入っており、これは Bad までレバーを下げる。そ
のほかの音をその中間に配置するようにレバーを調整し、下の Play を押して
何度も音を聞きながら、被験者のタイミングで実験ができる。このほか、Web
上で MASHRA 法による実験が可能な webMASHRA[47] などのフリーソフ
トもある。

① MUSHRA 法の実際

MUSHRA 法は圧縮音源の劣化評価にもともと開発されたものであるため、
リファレンス音は最高音質のものを選定すればよかった。しかし、これを自動
車の走行音に用いる場合、最高音質という定義が難しくなる。走行音の場合は
後にも述べるが個人差が大きいためである。誰もがスポーツカーの音を最高音
質と思うとは限らないのである。また、それぞれの音に対する感じ方のばらつ
きの正規化に対する処理も必要となる。以下は説明例である。

②　"進め方" の説明

　この例では会社の会議室で実験しており、同時に 2 名 ずつおこなっている。2 名 の間には間仕切りがされており、実験者はその正面で 2 名 同時に説明する。

1. 今からヘッドホンをしていただき、4 つの刺激音を一通り全部聞いてください。
2. 準備ができたら実験を開始してください。
3. 「Play reference」「Play」ボタンを押すとそれぞれの刺激音が始まります。
4. 音が流れ終わった後、reference と比べてどちらがより「スポーティ感」を感じたか、Play ボタン上のバーを動かして 0 〜 100 で評価してください。音は何回でも聞き直すことが可能です。
5. 評価ができ次第、つぎの音刺激の評価に進んでください（実験手順 2 〜 4 同様）。
6. すべての音刺激に対しての評価が済んだら、ヘッドホンをはずし、合図してください。

③　注意

　手順の後は以下のような注意を与える。

1. リラックスして聞いてください。
2. 途中で体調が悪くなった場合や、疑問点が生じた際には実験者に知らせてください。

以上の説明が終わった後、実験をスタートする。

5.3.4 音の評価の進め方

これまで説明した SD 法、一対比較法、MUSHRA 法をどう有機的に関連させながら評価を進めるかを説明する。

図 5.11 にそれらの手法の評価手順からみた関係を示す。まず、音の情緒的意味を測定する SD 法により評価対象である音からどのような印象が得られるかを抽出する。ここでは、"スポーティ感"、"迫力感"、"金属感"、"高級感"などの印象が得られたとする。因子得点によりそれぞれの印象を数値化することは可能であるが、音の差が微妙であったり、間隔尺度としてどの程度の印象差として認識されているか知りたいということであったり、とさらに詳細に分析したい場合がある。このときに一対比較法や MUSHRA 法を用いる。一対比較では音の組み合わせすべてを聞きながら判定していくという被験者への負荷がある。また、2 つのうちの最初の音を判定時に忘れてしまうこともある。そこで、評価者が自分のタイミングで何度も音を聞くことができる MUSHRA 法を使うことは有効である。

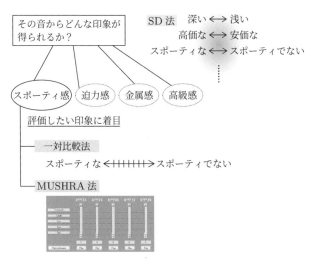

図 5.11　評価の進め方

5.4　評価の実例 ―吸音材の印象評価―

　ここでは吸音材により走行音をサウンドデザインした例により、評価方法を
それぞれどのように用いたかをみていくことにしよう。

5.4.1　評価音源の収録

　まず、音源を収録し、その特性を探る必要がある。ここでは、「上質な**スポー
ティ感**」のサウンドデザインを目的とした[48]–[50]。評価音源を解析すること
により吸音材による制御可能な帯域を見極めることができる。まずは、吸音材
の装着時および取り外し時の 2 パターンで聴感印象に与える影響について解
析する。吸音材はエンジンルーム周りとインストルメントパネル（運転席と助
手席前面）の吸音材を外した。自動車はセダンタイプのディーゼルエンジン
搭載車である。助手席にダミーヘッドを載せ、両耳収録（バイノーラル録音）
する。

　図 5.12 に車載したマネキンを示す。これは **KEMAR マネキン**で、鼓膜位
置に該当するところにマイクロフォンを設置している。耳介はシリコン製であ
り、人体と違い体温がないため、そのぶん音速が異なることも考慮されて外耳
道長が設定されている。また、このようなマネキンでなくてもバイノーラルマ

図 5.12　車載したマネキン

イクという比較的安価なイヤフォン型のマイクロフォンもあり、運転席でドライバーが装着し収録可能である。

　さて、このようにして収録したデータを周波数解析すると、吸音材を装着することで 400 Hz 付近から車室内エンジン音が低減しており、最大で約 12 dB の低減を確認した。つまり、400 Hz 以降で吸音材による音圧レベルのコントロールが可能であるということである。

5.4.2　SD 法による印象因子の抽出

　まず、予備実験として、SD 法に用いる評価指標を確定させる作業である。ここで用いる「上質なスポーティ感」というイメージは非常にあいまいな表現であるため、単に車室内の音圧レベルを変化させるだけでは実現が難しい。したがって、「上質なスポーティ感」を実現するには、この印象と対応のある主観的評価指標を明確化する必要がある。

　そこで、「上質なスポーティ感」と対応があると考えられる形容詞対をブレインストーミング、SD 法および因子分析を用いた 2 段階で選定した。まず、第 1 段階として「上質なスポーティ感」をテーマとし、ブレインストーミングによる形容詞の選定をおこなった。その結果、45 の形容詞が選定された。それが 表 5.4 であった。得られた形容詞対から「上質なスポーティ感」との関連性が低い形容詞対は取り除く必要がある。

　そこで第 2 段階として、それらの形容詞対を用いた SD 法（7 件法）による聴感印象実験をおこない、最終的な評価用形容詞対を選定する。ここでは、聴覚健常者 23 名（いずれも 20 ～ 24 歳 の大学生）の被験者に吸音材有無の双方の車室内エンジン音（全開加速走行）を刺激音として提示し、聴感印象実験は SD 法を用いておこなった。被験者には 2 つの刺激音をそれぞれヘッドホンによって提示し、刺激音ごとに 45 語の形容詞対について評価させた。実験の回答は、教示の後、Excel のソフト（図 5.5）を用いて回答させた。形容詞対ごとに「非常に」「かなり」「やや」「どちらでもない」の 7 段階で評価させ、その結果をポジティブ要因に近い方から +3、+2、+1、0、−1、−2、−3 として得点化した。つぎに、因子分析をおこない、因子負荷量が ±0.4 未満の形容詞

5

音の評価実験の進め方

対、ほかの因子との因子負荷量の絶対値の差が 1.5 未満の形容詞対については除去対象とすることで、ブレインストーミングで得られた 45 語の形容詞対が表 5.5 のような 30 語に絞られ、まずは評価指標ができあがった。

　さて、本実験においては作成した評価指標をもとに「上質なスポーティ感」に関連のある因子を明確化するため、聴覚健常者 32 名（男性 26 名、女性 6 名、20～60 代）を被験者とした。参加者は自動車部品メーカーの方々で、会議室内で実験をおこなっている。表 5.6 が因子分析結果である。ここでは、因子負荷量が ±0.4 以上でその因子に影響を与える形容詞対として定義している。各因子を構成する形容詞対の組み合わせから、第一因子を繊細因子、第二因子を

表 5.6　吸音材における走行音の因子分析

形容詞対		因子		
		因子 1	因子 2	因子 3
繊細な	荒い	0.815	0.020	−0.165
柔らかな	硬い	0.765	0.048	−0.050
安らかな	不安な	0.761	0.101	0.107
ふわふたとした	ごつごつとした	0.705	−0.113	−0.313
澄んでいる	濁った	0.686	0.357	0.026
激しい	優しい	−0.686	0.255	0.160
高級感のある	安っぽい	0.643	0.139	0.385
うるさい	静かな	−0.642	0.288	−0.216
快適な	不快な	0.591	0.225	0.215
興奮する	落ち着いた	−0.588	0.446	0.210
奥ゆかしい	下品な	0.553	0.209	0.246
晴れやかな	曇った	0.212	0.792	−0.201
伸びやか	伸びのない	0.202	0.788	0.014
響きのある	こもった	0.292	0.734	−0.074
鋭い	鈍い	−0.037	0.720	−0.290
スポーティな	スポーティでない	−0.018	0.671	0.181
楽しい	退屈な	−0.126	0.662	0.089
爽快な	鬱屈な	0.083	0.660	−0.075
賑やかな	寂しい	−0.441	0.617	−0.070
明るい	暗い	−0.206	0.609	−0.087
重い	軽い	−0.146	−0.118	0.780
高い	低い	−0.133	0.194	−0.619

スポーティ因子、第三因子を重量感因子とした。単なるスポーティ感を計るだけであれば、繊細因子などは出てこないであろう。上質スポーティ感を意識することでこのような因子が出てきたといえる。音の伸びばかりではなく、その次数成分構成のバランスから感じる高級感なども評価しているものと考えられる。そうすると次数成分の大きさや周波数構成がその印象に影響を与えている可能性がある。そこで、つぎに吸音材で制御可能な範囲での低減帯域と印象の関係を探ってみる。

5.4.3　一対比較法による印象因子の評価

　ここでは帯域毎の騒音低減が「上質なスポーティ感」に及ぼす影響を検討した結果について紹介する。刺激音は実際の低減範囲を考慮し、吸音材取り外し時の自動車エンジン音に騒音低減処理を施した。低減範囲については、a) 400 ～ 1000 Hz、b)　700 ～ 1500 Hz、c)　1000 Hz 以降、とし、各周波数帯域の低減量はすべて 10 dB とした。これに吸音材装着時および取り外し時の車内音を加えた 5 種の刺激音として、実験をおこなった。被験者は、聴覚健常者 41 名（男性 32 名、女性 9 名、年齢 20 ～ 60 代）の自動車部品メーカーの社員であり、SD 法と同様に実験環境は会議室である。刺激音は、ヘッドホンを用いるとともに、車内の音圧と同等になるよう校正をおこなった。一対比較法における刺激音の提示順についてはランダム提示である。

　さて、一対比較法の結果から最も「上質なスポーティ感」を感じる自動車エンジン音について各刺激間の対応も考慮し値を算出した。その結果を 図 5.13 に示す。図中に各刺激間で有意な差が確認されたものを記載している。最も「上質なスポーティ感」を感じるエンジン音は 1000 Hz 以降の帯域を 10 dB 低減させた音源であった。また、この音源は各刺激間の間でも有意差が確認できることからも「上質なスポーティ感」を感じるエンジン音を各被験者が識別できていることを示している。この結果から、低減させる帯域を絞りこむことで、自動車エンジン音に「上質なスポーティ感」のような意図した印象を付加できる可能性を示唆した。

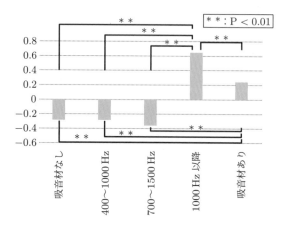

図 5.13　帯域低減量を変えた場合の上質なスポーティ感の一対比較法による間隔尺度

5.4.4　MUSHRA 法による印象因子の評価

　一対比較法ではすべての組み合わせの刺激を聞かなければならず、また、聞いているときも前の音を忘れてしまう場合もあった。そこで、ここでは MASHRA 法の導入例について紹介する。ここでは、以下 a) 〜 g) の 7 種の刺激音を提示した。

    a) 吸音材を装着した際の車室内エンジン音

    b) 1000 Hz 以降を 10 dB 低減

    c) 2000 Hz 以降を 10 dB 低減

    d) 3000 Hz 以降を 10 dB 低減

    e) 4000 Hz 以降を 10 dB 低減

    f) 5000 Hz 以降を 10 dB 低減

    g) 次数成分を 10 dB 増幅

b) 〜 f) は、吸音材を外した際の車室内エンジン音より、帯域ごとにそれぞれ 10 dB 低減した。g) は、吸音材を装着した際の車室内エンジン音の 1 次成分、2 次成分を後述する音質制御手法[51] にて 10 dB 増幅した。

　聴覚健常者 36 名（自動車部品メーカー 20 〜 50 代、うち男性 28 名、女性

8名）を被験者とし、会議室にて実施した。聴感印象実験は MUSHRA 法であり、最初に 7 つの刺激音を一通り聴いてもらう。吸音材を装着した際の車室内エンジン音を基準音（reference）とし、この基準音に対し、a) 〜 g) の 7 つの刺激音がそれぞれどの程度「上質なスポーティ感」を感じたのか評価を求めた。刺激音は、開放型ヘッドホンで提示した。結果を 図 5.14 に示す。吸音材を外した際の車室内エンジン音をベースに、1 000 Hz 以降の帯域を 10 dB 低減したエンジン音が 7 種の刺激音の中で最も評価が高く、刺激音 a)、b)、g) の間での有意差が確認されなかった。これらと残りの刺激音では、「上質なスポーティ感」に関する有意差を確認できた。MUSHRA 法では非常に短時間で評価が終わる上、被験者に刺激音の切り替えを任せていることから、実験参加者および実施者ともに負荷は少ない方法といえる。

　以上のように SD 法、一対比較法、MUSHRA 法と心理学的な実験手法をおってきた。いずれの実験も音を聞きながら、アンケートに答えたり、評価したりしなければならない。もっとボーッと音を聞いているだけで自動的に評価してくれる楽な方法はないものだろうか。実験者の方はたいへんではあるが、脳波や脳磁界を用いるといった神経生理学的な方法がそれにあたるかもしれない。次項からは神経生理学的な評価方法について紹介していくことにする。

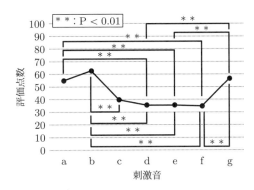

図 5.14　MUSHRA 法による上質なスポーティ感の評価

5.5 聴感実験の変動要因

神経生理学的手法に移る前にヒトを対象とした音の評価実験における注意点をまず述べておこう。

5.5.1 個人差

実験に参加させる被験者はどのような人がよいのだろうか。エンジン開発をしている技術者にはほぼマスキングされているような小さな音も聞きわけることができる方がいたり、オーディオアンプのコンデンサの極性を変えただけで音が変わるといったマニアの方々がいたりする一方で、聴覚に問題を抱えている方もいる。また、加齢によっても聴覚は変化し、耳のよい若者にしか聞こえないモスキート音というものまで存在する[2]。

個人差は実験結果に影響を与えるので、事前に聴感実験などにより目的に合わない被験者をのぞくことができる。Brixen はオーディオ装置 5 台をホールに用意し、アンケートは参加者各自の携帯から回答してもらうという多数参加型の実験をおこなったが、後から調べてみると参加者のうちかなりの割合で聴覚に何らかの問題があったという[52]。オーディオマニアも加齢が進んでいるので、そういう結果になったのかもしれないが、ホールでは個人差以外にも座席によるばらつきなどまで入ってしまう。とはいえ、それ以外にもヒトには "好み" の差もあり、これらを誤差として、多数の被験者について実験をおこなうことにより、この誤差は正規分布するものとみなし、平均値をもって代表値とみなす場合が多い。

5.5.2 時間的変動

ヒトの状態には**時間的変動**が存在する。朝と昼と晩でも印象が違うし、また同じ朝であっても、音を出す順番で印象がばらつくことがある。疲労や単調感は結果に悪影響を及ぼすし、訓練は弁別力をよくする[2]。数日にわたる実験ではほぼ同じ時間帯に実験をお願いしたり、疲労や訓練効果の対策として音を出す順番をランダムに組んだりして、その影響を低減できる。

5.5.3 うそをつく

人はときとして**うそをつく**。図5.15に示すように、オーディオ実験でどちらも音質は変わらないではないかと思っても、"違いがある"と答えてしまう、というようなうそもある。

実験において、いま何を再生しているかというような情報を与えない、いわゆるブラインドでおこなうことはよくある。ほかにも、音の再生系列で同じ刺激を間をおいて再生し、同一の音に対する反応を調べることによって、信頼性の指標とすることもおこなわれている。また、このようなうその反応による変動要因は、次節で述べる神経生理学的な生理計測では問題にならず、無視できる。

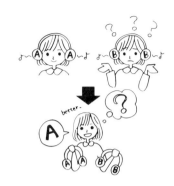

図 5.15 違いがわからなかったけど "A" と答えてしまった…

5.5.4 教示

前節では実際の実験における**教示**についても細かく紹介した。心理測定をおこなう前に、実験者は被験者に実験手順について詳しい教示をおこなう。教示が不十分であったら、実験結果が非常にゆがんだものになる。心理測定において教示は非常に重要であり、事前に十分検討する必要がある。また、被験者が教示を理解したかどうかを知るために、実際の実験前に試聴を加えることが効果的である。

以上のように、聴感実験の変動要因は数多くある。したがって、実験目的にかなった結果を得られるように、つまり、実験目的に無関係な誤差は抑えるように十分注意しなければならない。

5.6 神経生理学的方法

5.6.1 神経生理学的方法の特徴

これまで述べてきたのは、心理学的手法である。心理計測とはアンケートであった。アンケートに記述してもらう内容は、その音を聞いたヒトがどう感じたかの感想を数値化したり、自由記述したりしたものである。アンケートという媒体を介さずにヒトがどう感じたかを計測できないだろうか。ヒトが物事を感じるのは脳である。音を聞いているときの脳の状態をみるために、図 5.16 のように頭をパカーンと開いて計測することはできない。そこで脳の神経活動を脳波計や脳磁図を使って、電気的磁気的に調べようとするのが、**神経生理学的手法**のアプローチである。

図 5.16 脳を開いて直接計れない

この手法は、自分で意思を伝えることができない場合にも適用できるため、障害のある人や赤ちゃん、お年寄りにむけたサウンドデザインの評価においても適用可能である。また、心理実験では質問に対して答えるので、評価のデータがとびとびの離散値であるが、神経生理学的手法では連続的なデータが観測できる。このように、アンケートに答えるといった印象評価をしなくても反応を読み取ることができることから、ボーッと音を聞いているだけでも計測でき、精神的負担が軽いといえる。

5.6.2 神経生理学的方法の分類

神経生理学的方法は、侵襲計測と非侵襲計測に分類できる。侵襲計測は体内に針やチューブなどの器具を挿入したり、センサなどを埋め込んだりするものである。この方法では、被験者に肉体的、精神的な苦痛を与えてしまう。したがって、近年では、非侵襲計測が主流とされている。

代表的な非侵襲計測方法としては、X 線 CT、MRI（Magnetic Resonance

Imaging、磁気共鳴画像診断装置）、機能的 MRI（f–MRI、functional–MRI）、PET（Positron Emission Tomography、陽電子放射断層装置）、脳波計測（EEG、Electro Encephalon Gran）、脳磁界計測（MEG、Magnetoencephalography）、機能的近赤外分光分析法（fNIRS、functional Near–Infrared Spectroscopy）などがある。

一例として、図 5.17 に EEG、図 5.18 に MEG の計測の様子を示す。EEG は自動車運転時の加速音評価、MEG は加速音そのものの評価をしている様子である。MEG の計測では超伝導技術を用いるため、液体ヘリウムで満たされた縦に長いヘルメットのようなヘッドセットに頭を入れるため、このような様子となる。

図 5.17　脳波計測の様子

これらの計測方法により得られる情報には大きくわけて 2 種類ある。まず、X 線 CT、MRI では脳の形態や構造を調べることができ、f–MRI、PET、脳波・脳磁界計測、fNIRS は脳の活動の様子、機能を計測できる。**脳磁界計測**は脳の活動にともない生じた微小な磁界を頭外のセンサで計るため、f–MRI の

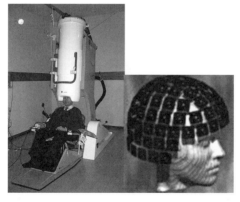

図 5.18　MEG 計測 122 ch 全頭型脳磁界計測システム（被験者は著者）[2]

5

音の評価実験の進め方

ようにガチャンガチャンと大きな音を立てながら磁気を生体に加える必要がなく、PET のように放射性同位元素を体内に入れる必要もない。f–MRI で観察している対象は酸素消費量であったり、PET で観察している対象は血流量やエネルギー代謝などであったりするため、脳神経の活動を電気的に計測しているわけではない。それに対し、脳波・脳磁界信号の発生は脳神経の細胞内電流が基盤となっているため、脳神経の活動を直接的に計測できる。また、f–MRI および PET の時間分解能が比較的長く、分のオーダーなのに比べて、脳波・脳磁界計測の時間分解能は波形データのサンプリング周波数に依存するため、時間分解能はミリ秒のオーダーと短くできる。

　サウンドデザインの対象である音は時間的に変化するものであるため、聴覚に関する脳活動を計測するためには、時間分解能がよくなくてはならない。そのため、 人の聴覚機能の測定には、時間分解能のよい脳波・脳磁界計測がよいといえる。また、脳波・脳磁界計測装置は MRI 計測装置のように計測時に装置自体がガチャンガチャンとノイズを発生しないので、聴覚に関する脳機能計測に適した方法であるといえる。これらの手法は、脳の機能を計測するか、脳の構造を計測するかというように、計測対象が異なっているため、それぞれ異なる情報を得ることができ、これらの結果を組み合わせることが重要となる。実際に、脳磁界計測で機能的な計測、そして、MRI で構造的な計測をして、これらの結果を組み合わせて表示することが一般的におこなわれている。

5.6.3　脳波と脳磁界

　何かを考えたり感じたりすると脳内で電流が発生し、電流が発生すればそれにともない磁場が出現する。脳の神経活動にともなう電流を計測したものが**脳波**であり、電流により構成される電場を計測したものが**脳磁界**である。これらを計測することにより、活動の大きさからは脳がどのような刺激に反応するのか、どのような状況でどのようなタイミングで活動が大きくなるのかを調べることができる。また、異なる機能は脳の異なる部位が担当しているという機能局在説を考慮に入れることにより、推定された活動部位からどのような機能がどのようなタイミングで働いているかを調べることができる。さらに、被験者

に与える課題を工夫し、何らかの情報処理がおこなわれるときとおこなわれないときを比べ、反応の差を調べれば、その情報処理過程でどの機能がどのタイミングで働いているかを調べることが可能である。

　脳波は、通常、頭皮上に銀メッキの皿型金属電極を特殊なペーストでつけ、または頭皮に針状の電極を刺入して、頭皮上の電位を記録する。ペーストの役目は、皮膚と電極との接触抵抗を小さくすることおよび電極表面に発生する分極効果を抑制するためである。この電位は主として大脳皮質の活動（表面脳波）を反映している。表面脳波を観察する際には、診断基準を標準化するために電極の装置位置は、図 5.19、表 5.7 に示す**国際標準電極配置法**（10–20 法, ten twenty electrode system）[53] で決められたものを用いることが多い。

　脳波を計るには少なくとも 2 つの電極が必要となり、その 2 つの電位の差として脳波がとらえられる。このとき、電位変動のない、電位零の点を定義して、他方の示す電位は、零との差、絶対値として記録する。電位零とした電極を、基準電極（referential electrode）とよび、欧米では通常、耳の裏側にある乳様突起（mastoid）が使われるが、日本人はこの突起が目立たないため、耳朶（ear lobe）が使われる。基準電極に対し、脳波そのものをとらえるために、頭

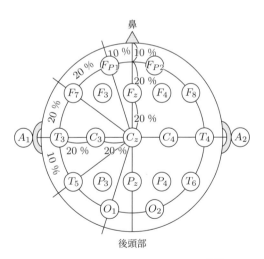

図 5.19　10–20 法の電極装置位置[55]

表5.7　10–20法の電極記号と部位名称

部位名称	電極記号	解剖学的部位
前頭極（front polar）	Fp1, Fp2	前部前頭葉
前頭部（frontal）	F3, F4	運動野
中心部（central）	C3, C4	中心溝
頭頂部（parietal）	P3, P4	感覚野
後頭部（occipital）	O1, O2	視覚野
前側頭部（anterior–temporal）	F7, F8	下部前頭部
中側頭部（mid–temporal）	T3, T4	中側頭葉
後側頭部（posterior–temporal）	T5, T6	後側頭葉
耳朶（auricular）	A1, A2	
正中前頭部（midline frontal）	Fz	
正中中心部（vertex）	Cz	
正中頭頂部（midline parietal）	Pz	

※数字の奇数は左、偶数は右を表す。

の表面に置かれた電極を探査電極（exploring electrode）という。とらえる方法を基準導出法（referential derivation）、基準電極を使わず、探査電極どうしを組み合わせる方法を双極導出法（dipolar deri–vation）という。今回、取り上げる応用例は覚醒時であり、その場合の基本脳波の測定は必ず基準電極導出法でおこなうため、ここではそれのみを紹介する。

　基準電極導出法は、電気的に0に近い点を基準にして、頭部の電極と基準電極の電位の差を記録する方法である。脳電位の絶対値が記録でき波形の歪みは少ない。基準電極の選び方は、以下の3種類である。

■**耳朶基準法**　耳朶を基準電極とする。一般的にこの**耳朶基準法**が使われる。

■**平均基準電極法**　頭皮上に付けた多数の電極の平均を取り、それを基準電極とする。

■**平衡型頭部外基準電極法**　耳朶基準法で基準電極が活性化した場合に用いる方法。頭部外に基準をとるため、脳波はまったく混入しなくなるが、心電図が

強く混入するため、心電図をキャンセルして基準をとる必要がある。

一方、脳磁界は、図5.20 に示される
ように地磁気の 10 億分の 1 と非常に
微小であり、超伝導技術を用いたセンサ
によって計測する。脳の磁界は非常に小
さいため、ほとんどの磁界はノイズであ
る。スピーカの駆動磁界はもちろん、自
動車、電車、ドアの開閉にともなう磁界
や体の各所からの磁界である。ここで対
象とするのは以下の 2 つである。

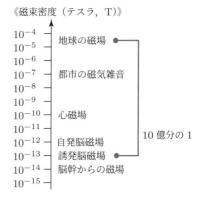

図 5.20 脳の磁場の強さ

- 聴覚情報処理過程を反映する聴
  覚誘発電位および**聴覚誘発脳磁界
  反応**
- 聴覚刺激の快適性を反映すると考
  えられる**自発脳磁界**

これらについてはのちほど詳述するとして、たとえば、誘発脳磁界の大きさが
頭表でおよそ 0.1 pT のオーダーであるのに対し、自発脳磁界および心臓の活
動にともなう心磁界は、同じ頭表でおよそ 1 pT のオーダーである。これらは、
誘発脳磁界計測においてノイズ源となる。このように、ノイズ磁界のほうが測
定対象磁界よりもはるかに大きい状況での測定となるので、磁気シールドルー
ムを設けるなど計測装置の工夫や、加算平均法を用いるなど計測の工夫が必要
となる。

さて、脳波と脳磁界の違いについては多くの議論がある。脳波は測定が簡便
であり、今では広く計測されている。しかし、頭部の構成成分の電気伝導率
は、たとえば、頭蓋骨と脳脊髄液とは桁違いに異なり、脳内発生源の電場が頭
皮上に伝播する過程で大きな歪みが生じてしまう。歪んだ情報をもとに脳内発
生源を推定することは、原理的に極めて困難となる。実際の電気伝導率に近い
層からなる頭部モデルを構成しようとする試みも最近みられるようになってき

たが、実測が不可能である上、頭部の形態についても、被験者ごとにモデルを再構成しなければならないので、実際上困難な問題である。これに対して、磁界の透磁率は頭部各組織でほとんど等しく、真空あるいは空気の透磁率にほぼ等しい値をとるため、脳内発生源を推定する上で脳波に優っているといえる。

5.6.4　誘発反応と自発反応

① 誘発反応

ヒトが音を聞いたとき、音によって誘発される電位は**聴覚誘発電位**（AEP、Auditory Evoked Potential）といい、誘発される脳磁界は、**聴覚誘発脳磁界反応**（AEF、Auditory Evoked magnetic Fields）という[54]。従来、聴覚誘発脳磁界反応の研究は、頭皮上の電極を使って計測される聴覚誘発脳電位と対応させて調べられてきた。それらは聴覚刺激の後、聴覚伝導路に沿った一連の誘発反応であり、潜時によって分類される。図 5.21 に示すように、刺激提示後、約 10 ms 以前に観察される聴性脳幹反応、その後、約 50 ms までに観察される中潜時反応、50 ms 以降の長潜時反応にわけることができる。さらに、刺激

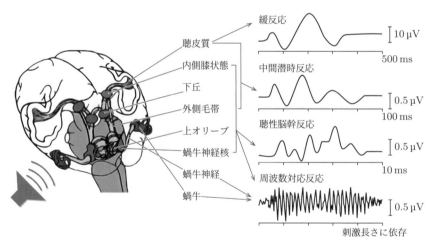

図 5.21　聴覚伝導路の部位ごとの聴覚誘発電位の種類[55],[56]

音の周波数成分と持続時間を反映する周波数対応反応とよばれる誘発反応も確認できる。聴性脳幹反応、周波数対応反応は脳幹での神経活動を反映し、中潜時反応、長潜時反応は聴覚皮質での神経活動を反映していることが知られている。聴性脳幹反応、周波数対応反応、中潜時反応の脳波や脳磁界反応は小さく、多数回の加算平均によりようやく観察されるもので、計測は困難である。それらに比べて、長潜時反応の脳波や脳磁界反応は大きく計測しやすい[40], [56]。

脳波計測では、2 点間の電位差を計測するが、通常は基準電極をどこかにおいて基準となる電位を計測するため、基準電位に対して陽性と陰性の電位が存在する。脳波の反応成分にはそれぞれ名前がつけられていて、反応が出てくるまでの時間、つまり、潜時が 50, 100, 200 ms である反応は、P50、N100、P200 などとよばれる。また、潜時の速い方から順番に P1、N1、P2 などともよぶこともある。N と P は極性を示しており、それぞれ陰性（Negative）、陽性（Positive）を意味している。**N1 反応**は、P1、P2 反応に比べて大きな反応である。脳磁界計測でも、脳波計測で得られた上記のような反応成分が得られ、脳波の P1、N1、P2 に対応する脳磁界反応は磁界（Magnetic fields）の 'm' をつけて P50m、N100m、P200m、あるいは、P1m、N1m、P2m などともいう。

また、刺激音に対する反応は、聞き始め、つまり刺激音の立ち上がりに対する反応（**on 反応**、on–response）と、聞き終わり、つまり刺激音の立ち下がりに対する反応（**off 反応**、off–response）の 2 つに大別される。このうち、on 反応は最も明瞭に観察されるため、on 反応に関する報告は多く、さまざまなことが明らかになっている。一方、off 反応は刺激音の提示時間が短いときなど、実験条件によっては明瞭に観察されないこともあり、報告も少ない。従来、脳波や脳磁界計測を用いて刺激音の周波数、音圧レベルなどの刺激音の属性の変化に起因する聴覚皮質における活動の変化は、数多く調べられてきた。また、刺激の提示方法、被験者に対する課題の工夫をすることで、人の注意や記憶を調べる研究もおこなわれている。

5

音の評価実験の進め方

② 自発反応

　脳内には自発的に一定のリズムをもって発行する神経活動群があり、これら細胞の磁場の総和を自発脳磁界として観察できる。大脳皮質のニューロン自身が 10 Hz くらいの自発的な律動性をもっており、大脳皮質が活動的でないときには多くのニューロンが同期して律動することで発生すると考えられている。よく知られている**アルファ波**（狭義の α 波）は、脳から発生する電気的振動のうち、8 〜 13 Hz の成分で、覚醒時に後頭部優位にみられる律動である。一般に閉眼状態で身体の緊張を解き、精神活動があまり活発でない時に最もよく出現する。**デルタ波**（δ 波）は、一般に正常成人の覚醒時にはみられず、どちらかというと脳機能の低下に対応するリズムである。図 5.22 に示すように、アルファ波帯域にあっても、出現部位や反応性が アルファ波とは異なるものとして、中心溝周辺のものは**ミュー波**（μ 波）、側頭部周辺のものは**タウ波**（τ 波）とよばれることがある。ミュー波は体性感覚・運動などと、タウ波は聴覚処理などと関連があるといわれている。

　自発波は必ずしもすべて安定な律動ではなく、多くの周波数成分からなる複合波となる。自発波はその周波数帯域から 表 5.8 のように分類される。周波数情報にもとづく脳活動性の評価としては、一般に低周波数帯域であるデルタ波、シータ波、アルファ波のパワー減衰は、脳内神経活動の上昇に対応すると

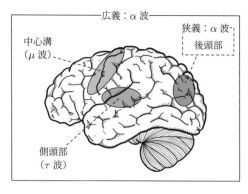

図 5.22　アルファ波の種類

表 5.8　自発波の周波数帯による分類

名　称	周波数 [Hz]
δ（デルタ）波	0.5 ～ 3
θ（シータ）波	3.5 ～ 7
α（アルファ）波	8 ～ 13
β（ベータ）波	14 ～ 30

考えられている。ただし、**ベータ波**では脳内神経活動の高まりによるパワーの増加をともなわない。このそれぞれの帯域のパワーで脳の活性化が論じられることが多くある[2]。

　次項では、適用例に話しを移し、神経生理学的方法のうち脳波や脳磁界を用いたブザーや警報音の音の大きさの決め方、自動車加速音の好ましさの評価について紹介する。

5.7　神経生理学的方法の適用例 ―自動車加速音の評価―

　ここでは神経生理学的方法の適用例について紹介する。

5.7.1　自発反応と心理的好ましさ

　サウンドから受ける「いいなあ……」と思う感覚。すなわち、心理的好ましさをなんとか計ることはできないだろうか。心理的好ましさは自動車加速音の場合であれば運転を楽しんで、加速感をサウンドとともに楽しんでいる瞬間であるともいえる（図 5.23）。これまで、サウンドの好ましさ・不快さと

図 5.23　加速音と心理的好ましさ

それに関連する脳反応を計測し、アルファ波活動と心理的な好ましさ・不快感の関係について検討されてきた。

添田ら [57] は "ピアノ" という音
声を用い、Δt (0, 5, 20, 60, 100 ms)
だけ遅らせた反射音を加えた音源で
実験をおこなった(被験者8名)。各
刺激に対する心理的好ましさ（pref-
erence）とそれに関連する脳磁界反
応を測定し、アルファ波帯域の脳磁
界の自己相関関数を解析した。その
結果、その**有効継続時間** τ_e と**心理
的好ましさ**尺度値は、**図 5.24** のよ
うな線形関係にあることを確認し
た。τ_e は脳波の安定度を示す指標
であるが、次節で詳述する。この検

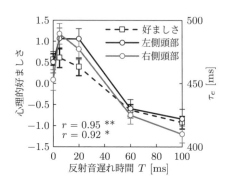

図 5.24 反射音遅れ時間に対する心
理的好ましさと有効継続時間 τ_e の
関係（エラーバーは 95 % 信頼区間）
[57]

討では、一般的に指標としてよく用いられるアルファ波のパワーは、心理的好
ましさとの強い相関は認められなかった。

　一方、音源として帯域幅を変化させた
バンドパスノイズ（中心周波数：1 kHz、
Δf：0（純音）, 40, 80, 160, 320 Hz）を用
いて、被験者7名で、各刺激に対する**心
理的不快感**（annoyance）とそれに関連す
る脳磁界反応を測定し、同様にアルファ
波帯域の自己相関関数を解析した。その
結果、**図 5.25** に示すようにその有効継続
時間 τ_e は、不快音を提示されている間は
短くなることを確認している。

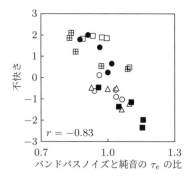

図 5.25 バンドパスノイズと
純音の比に対する τ_e の変化と
不快さの関係

　以上のことから、アルファ波帯域の有
効継続時間（τ_e）と心理的な好ましさには
正の相関が存在すること、つまりは、好ま
しい音の聴取時にはアルファ活動が時間的に安定することが考えられる。ま
た、さらに添田ら [58] は、同様の手法を用いて、視覚刺激を与えたときの心理

的好ましさとアルファ活動の関係を報告している。

ここでは、加速音に対する心理的好ましさとアルファ活動との関係について全頭型脳磁計を用いて計測し、アルファ波帯域の脳磁界の自己相関パラメータと心理尺度の比較をおこなった結果について紹介する。

5.7.2 アルファ波帯域の自己相関関数の有効継続時間 τ_e

アルファ波帯域の自己相関関数の有効継続時間 τ_e とは何を意味するのか。これはアルファ波帯域の安定度を示すものといってよい。計測された脳磁界のアルファ波帯域を**自己相関関数**（ACF、autocorrelation function）を用いて解析する。自己相関関数は、信号波形中に繰り返し（周期性）があるかどうかを調べる関数であり、

$$\Phi(\tau) = \frac{1}{2T} \int_0^{2T} \alpha(t)\,\alpha(t+\tau)\,\mathrm{d}t \tag{5.1}$$

で与えられ、正規化自己相関関数は、

$$\phi(\tau) = \frac{\Phi(\tau)}{\Phi(0)} \tag{5.2}$$

として定義される。ここで、$2T$ は積分区間、τ は遅れ時間、$\alpha(t)$ は $8 \sim 13\,\mathrm{Hz}$ の脳波または脳磁界である。

自己相関関数は、式（5.1）において、積分区間 $2T$ の長さの信号 $\alpha(t)$ を切り出すと、時間 τ だけ遅れた信号は $\alpha(t+\tau)$ となる。もし $\alpha(t)$ と $\alpha(t+\tau)$ の振幅が大きく、同様な繰り返し成分があれば、2 つの信号の相関値 $\Phi(\tau)$ は大きくなる。

たとえば、$\alpha(t)$ が 図 5.26（a）のような正弦波の場合、その自己相関関数は 図 5.26（b）のような減衰のない、その波形と同周期の余弦波となる。それに対して、ランダムノイズの場合、その自己相関関数は相関が急に失われ、0 となる。このように自己相関は信号そのものの解析で、一見不規則にみえる信号の中に隠された規則性を見出そうとするものである。自然界にある風の息、地震の波動、医学では脳波や心電図、工学上では表面の粗さ、乗物の振動など

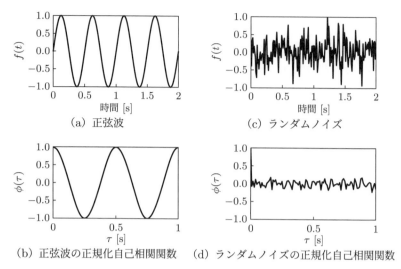

図 5.26 正弦波とランダムノイズに対する正規化自己相関関数の例 [40]

の計測で、これらの性質を知ることが可能となる [40]。

図 5.27 (a) に、測定されたアルファ波帯域の脳磁界の一例を示す。図 5.27 (b) , (c) は、その脳磁界から測定された自己相関関数である。その自己相関関数に含まれるファクタが、有効継続時間（τ_e）である [40]。これは正規化 ACF のエンベロープが 10 % 減衰するまでの遅れ時間で定義され、信号に含まれる規則成分の度合いを表す。つまり、τ_e が長ければ、時間的に規則的なリズムを多く含んでいることになる。図 5.27 (c) に示すように、τ_e は、初期減衰部（$0\,\mathrm{dB} > 10 \log |\phi(\tau)| > -5\,\mathrm{dB}$）を用いて得られる回帰直線から算出する。

5.7.3 実験に用いる刺激音

ここでの刺激音は自動車加速音である。自動車の加速時においては、回転数の上昇にともなってエンジン音の構成成分も変化し、その時間変化率が聴取印象に影響を与えていると考えられる。そこで、時間 – 周波数平面上でのエネルギーの傾き（**周波数時間変化率**）を変化させ、周波数時間変化率が聴感印象に及ぼす影響を検討した。直列 4 気筒のエンジン音を実測したものとそれをモ

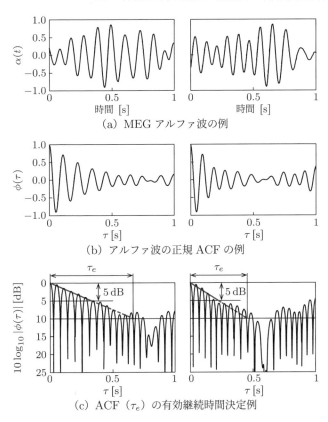

(a) MEG アルファ波の例

(b) アルファ波の正規 ACF の例

(c) ACF（τ_e）の有効継続時間決定例

図 5.27 測定されたアルファ波帯域の脳磁界と測定された自己相関関数

デル化したものとした。4 気筒エンジンは、1 回転につき 2 回の爆発が生じ、これにより 2 次の加振力が発生し、この高調波成分がエンジン音の主成分となる。このため、モデル音は実際の 4 気筒エンジン音と同様に偶次成分から構成される調波複合音とした。このモデル音の各成分の周波数を時間変化させることで自動車加速音を模擬した。実測音データは 3rd ギア固定アクセル全開時の加速音を用い、周波数時間変化率の調整は実走行ではなくデジタル処理によりおこなった。回転数範囲は、2000 ～ 4500 rpm とした。

音の評価実験の進め方

5

5.7.4 脳磁界計測実験

聴覚健常者 7 名（男性 6 名、22 〜 25 歳）を被験者とした。なお、被験者には、普段自動車を利用する 20 代前半の若者を選んだ。心理実験および脳磁界計測は、磁気シールドルーム内で同時におこなった。実験中、被験者は磁気シールドルーム内の椅子に座り、安静座位にて計測した。なお刺激音提示には、圧電スピーカを用いた。圧電スピーカには約 40 cm のエアチューブ、さらにエアチューブの先端にはイヤーピースが接続されており、イヤーピースを外耳道に挿入して使用する。これは磁気シールド内でスピーカを駆動させるとその磁場の影響が出てしまい、脳磁界が計測できないためである。

心理実験は一対比較法によりおこない、自動車加速音としての好ましさについての判断を求めた。各被験者において、モデル音 10 対（$N(N-1)/2$、$N = 5$）および実測音 3 対（$N(N-1)/2$、$N = 3$）の刺激対はランダムで提示され、各刺激対 10 回の判断とした。刺激間間隔は、2000 ms とし、被験者には刺激対終了の 2 秒後に提示されるシグナル音（1 kHz、80 ms）聴取後、判断のために用意された 2 つのスイッチのうちどちらかを押すよう教示した。図 5.28 に実験中の信号を示す。心理実験と脳磁界データ収録を同時におこなうわけである。心理的尺度値は、サーストンの一対比較法により算出した。

脳磁界の計測には、122 ch 全頭型脳磁界計測システム（Neuromag–122™, Neuromag Ltd.）を用いておこなった。計測中は目を閉じるように、また、体動による**アーティファクト**を発生させないために不必要な動作を控えるように

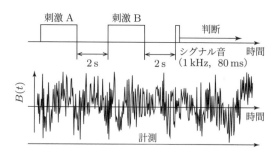

図 5.28　実験中の信号。上段は刺激音、下段は脳磁界波形。

教示した。計測データは $0.03 \sim 100\,\mathrm{Hz}$ のアナログバンドパスフィルタを通した後、サンプリング周波数 $400\,\mathrm{Hz}$ で計測した。この装置は、それぞれの位置で 2 つのピックアップコイルから構成されており、このコイルは法線方向の磁界：B_z を体表の接線方向に微分する成分、$\partial B_z / \partial x$（緯線方向）と $\partial B_z / \partial y$（経線方向）が計測される。図 5.29 に収録した MEG 信号の例を示す。アルファ活動は、一般的に後頭部付近で発生する $8 \sim 13\,\mathrm{Hz}$ の電気的振動として定義されおり、聴覚野でもそのような活動が観測される。これはタウ波とよばれる（図 5.22）。ここでは、この両者を解析するために、図 5.29 に示したような後頭部に相当する 16 チャンネルおよび左右側頭部に相当する 36 チャンネル選択し、$8 \sim 13\,\mathrm{Hz}$ のデジタルバンドパスフィルタを通して、アルファ波を抽出し、それらの ACF を求めた。

モデル音および実測音の一対比較法による心理実験結果を、図 5.30 にそれぞれ示す。分散分析（ANOVA: analyses of variance）により、周波数時間変化率の好ましさに対する有意な効果を確認した（モデル音：$p < 0.001$、実測音：$p < 0.001$）。さらに、心理的好ましさ尺度値と周波数時間変化率の相関係数は、モデル音：$R = 0.68$（$p < 0.001$）、実測音：$R = 0.82$（$p < 0.001$）と高い正の相関が認められた。これは、周波数時間変化率の増加にともない、加速音として好ましく感じていることを示している。

つぎに、これらの印象差と有効継続時間 τ_e との関係について紹介する。こ

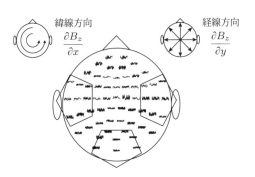

図 5.29　収録した MEG 信号の例。$8 \sim 13\,\mathrm{Hz}$ の BPF、側頭部と後頭部の 52 ch を ACF 分析に選択。

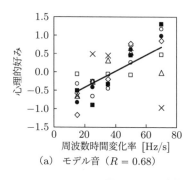

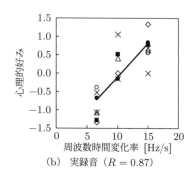

(a)　モデル音（$R = 0.68$）　　　　　（b）　実録音（$R = 0.87$）

図 5.30　周波数時間変化率と好みの関係

こでは、音が提示されている間に出現するアルファ波として刺激終了前 2 秒間を、音聴取後に出現するアルファ波として刺激終了直後 2 秒間を解析した。つまり、ACF は、積分区間を $2T = 2.0\,\mathrm{s}$ としてそれぞれ算出し、脳磁界の有効継続時間 τ_e を推定した。また、有効継続時間 τ_e は、30 回の算術平均をおこない、各領域の選択チャンネル（後頭部：16 ch、左・右側頭部：それぞれ 18 ch）の平均値とした。なお、τ_e は、個人差が大きいため、被験者ごとに最大値を 1.0 として正規化し、τ_e の相対値で比較した。

　まず、刺激終了前の 2 秒間を解析したところ、モデル音および実測音ともに、アルファ波帯域の脳磁界の ACF 有効継続時間に対する周波数時間変化率の有意な効果はみられず、ACF 有効継続時間と心理的好ましさ尺度値の相関係数も低い値であった。つまり、ACF 有効継続時間は、信号に含まれる規則成分の度合いを示すファクタであることから、音が提示されている間の大脳皮質のアルファ活動の時間的な安定性と加速音に対する心理的な好ましさとの関連性は低いと考えられる。

　つぎに、刺激終了後の 2 秒間を解析した。刺激としてモデル音および実測音を用いたときの、有効継続時間 τ_e と周波数時間変化率の関係を 図 5.31 に示す。これはアルファ波帯域の脳磁界の解析結果である。フリードマン検定の結果、後頭部では、有意水準を満たさなかったものの、有効継続時間 τ_e に対する周波数時間変化率の有意な傾向が認められた（$p < 0.1$）。さらに、心理的好ましさ尺度値および有効継続時間 τ_e ともに、周波数時間変化率が増加すると、

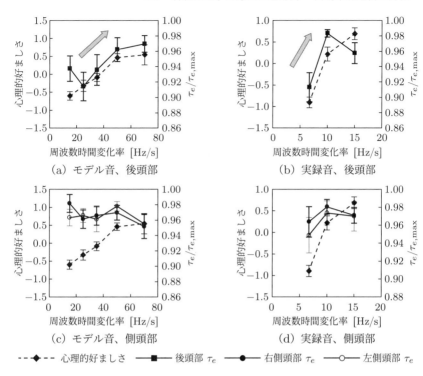

図 5.31 モデル音・実測音を用いたときの心理的好ましさと有効継続時間平均値の関係〔エラーバーは標準誤差（SEM）〕

増加する傾向を示している。しかし、左右側頭部には、周波数時間変化率の有意な効果は確認されなかった。モデル音では左側頭部：$p = 0.49$、右側頭部：$p = 0.87$、実測音では左側頭部：$p = 0.71$、右側頭部：$p = 0.71$、であった。また、図 5.32 に個々の心理的好ましさと後頭部に発生するアルファ帯域の脳磁界の ACF 有効継続時間との関係を示す。心理的好ましさと ACF 有効継続時間において、モデル音については正の相関傾向〔$R = 0.42$（$p < 0.05$）〕、実測音についても正の相関傾向〔$R = 0.40$（$p = 0.06$）〕が認められた。左右側頭部に関しては、有効継続時間 τ_e の値はばらつき、心理的好ましさ尺度値との相関係数も低い値であった。モデル音が左側頭部：$R = -0.10$、右側頭部：$R = 0.10$、実測音が左側頭部：$R = 0.18$、右側頭部：$R = 0.08$ であった。

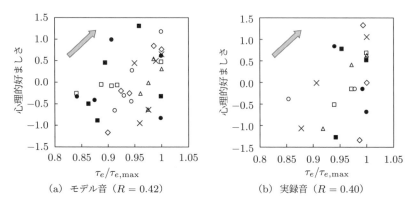

図 5.32　後頭部における個々の心理的好ましさと後頭部の有効継続時間平均値の関係。各シンボルは被験者を示す。

　このように、モデル音および実測音ともに、後頭部付近で計測されたアルファ波帯域の有効継続時間 τ_e と心理的好ましさ尺度値の間に正の相関傾向があることが確認できた。この結果は、加速音として好ましくない音を提示した場合に比べて、好ましい音を提示した場合に後頭部付近で τ_e が長くなることを意味している。このことから、加速音として好ましい音を提示した直後の後頭部でのアルファ活動が、時間的に安定すると考えられる。しかし、相関係数の値は、$R = 0.40$ 程度と高い値ではないため、今後さらに詳細な検討が必要であると考えられる。

5.7.5　誘発反応と心理的好ましさ

　誘発反応は、アルファ波などの自発性反応とは異なり、刺激の物理パラメータが直接反映される。そのため、周波数の時間変化率が印象および誘発反応に与える影響をより厳密にとらえるために、モデル音（正弦波の合成により作成した調波複合音）を刺激音とした。

　被験者は、聴覚健常者 19 名（男性 15 名、21 〜 25 歳、うち 9 名 は脳磁界計測にも参加）とした。刺激音は、ヘッドホン（SONY、MDR–CD280）により提示し、実験は防音室内でおこなった。聴感評価は SD 法によりおこなった。

13 種類の形容詞対を用い、それぞれ 7 段階評価で、評価のポジティブ要因から +3, +2, ⋯ , −3 点とした。被験者には、まずトレーニングとして各音源をランダムに 2 回ずつ提示し、ランダムに提示した。各音源に対し 2 回ずつ、計 10 回の評価をおこなわせた。

　さて、先述（「5.6.4 誘発反応と自発反応」）のように、誘発反応は、刺激の立ち上がりに対する反応（**on 反応**）と立ち下がりに対する反応（**off 反応**）が存在する。図 5.33 に典型的な聴覚誘発脳磁界の時間波形を示す。音刺激によって誘発される代表的な反応に N1m と P2m がある。N1m は、音刺激の立ち上がり、立ち下がりに対して約 100 ms 後に 100 fT オーダの大きさで観測される反応である[54]。ここでは、音の立ち下がりに対

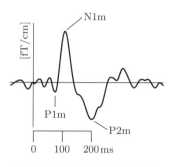

図 5.33　聴性誘発反応の波形

する反応により検討し、N1m、P2m の振幅値および反応が生じるまでの時間（**潜時**）を比較した。聴覚健常者 12 名（男性 10 名、21 ～ 30 歳、うち 9 名 は SD 法による心理実験にも参加）を被験者とした。被験者は計測中、磁気シールドルーム内の椅子に座り、眼球運動を抑えるために固視点を注視するよう教示した。また、体動によるアーティファクトを発生させないために不必要な動作を控えるように教示した。

　周波数時間変化率が異なる 5 種類の刺激音は、圧電セラミック挿入型イヤホンを用いて左耳にランダムに提示された。刺激音の提示方法を 図 5.34 に示す。刺激間間隔（ISI: inter–stimulus interval）は、1900 ～ 2100 ms でランダムに変化させた。被験者には、常に刺激に集中してもらうように、刺激音終了時にときおり出現するシグナル音（1 kHz、80 ms）に、ただちにスイッチを押すよう教示した。脳磁界は、刺激音のオフセットに対する誘発脳磁界計測をおこなった。計測データは 0.03 ～ 100 Hz のアナログバンドパスフィルタを通してサンプリング周波数 400 Hz で off 反応を計測し、各刺激について 50 回以上の加算平均処理を施した。加算平均後のデータは、1 ～ 30 Hz のデジタルバンドパスフィルタを通した。

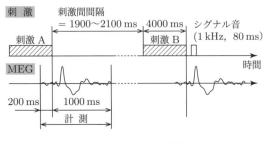

図 5.34　MEG 実験

　まず、表 5.9 に因子分析結果を示す。因子抽出には主因子法、回転にはバリマックス回転をおこなった。第 1 因子から順に迫力・金属感因子、高級感因子、静寂感因子と解釈した。迫力・金属因子に関しては、周波数時間変化率の増加にともない、評価得点が減少していることから、印象が悪くなることが確認できる。この結果は、実際の加速音[59] の結果と逆の傾向を示している。これは時間周波数変化率よりもラウドネスの方の影響が大きいためと考えられる。高級因子に関しては、迫力・金属因子と逆の傾向となり、周波数時間変化率の増加にともない、印象がよくなることが確認できる。

　前述のように、ヒトはフィードバックからも快適感を感じる。運転時の時間周波数変化率の高さは反応のよさに関係しているためと考えられる。静寂因子に関しては、周波数時間変化率との線形関係は見出せなかった。刺激の提示においてラウドネスの影響を排除しようとしたためと思われる。以上をまとめたものとして、各因子に代表される形容詞対の評価得点（平均値）と周波数時間変化率との関係を 図 5.35 に示す。これらの結果は、周波数の時間変化率が聴感印象に影響を与えていることを示している。

　一方、脳磁界計測の結果については、図 5.36 に示すようにすべての刺激音に対して、右側頭部に N1m、P2m 反応が確認できた。なお、N1m および P2m 振幅値は、各被験者の頭の形状などの影響を受けやすく、個人差が生まれる。そのため、各被験者内での最大値を 1.0 として正規化し、相対値で比較した。図 5.37（a），（b）に正規化 N1m 振幅値および N1m ピーク潜時の、図 5.37（c），（d）に正規化 P2m 振幅値および P2m ピーク潜時の周波数時間変

表 5.9　因子分析結果

形容詞対		因子		
		因子 1	因子 2	因子 3
澄んだ	濁った	0.806	−0.225	0.095
明るい	暗い	0.856	−0.377	0.017
軽快な	重ったるい	0.853	−0.154	0.210
高い	低い	0.849	−0.338	−0.070
鋭い	鈍い	0.791	0.035	0.360
速い	遅い	0.707	0.175	0.242
スポーティ感がある	スポーティ感に欠ける	0.629	0.436	−0.288
贅沢な	シンプルな	0.557	0.142	0.471
はっきりした	ぼんやりした	−0.159	0.900	−0.104
高級な	安価な	−0.073	0.773	0.108
力強い	弱々しい	−0.205	0.719	0.439
快い	不快な	0.022	0.497	0.002
静かな	騒々しい	−0.230	−0.029	−0.547

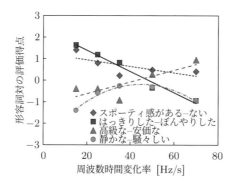

図 5.35　各因子に代表される形容詞対の評価得点（平均値）と周波数時間
変化率との関係

化率と関係を示す。それぞれ全被験者の平均値である。N1m 振幅値は、周波
数時間変化率の増加にともない、減少する可能性が考えられる。

　以上の、聴感実験結果と有意差の確認された正規化 N1m 振幅値の結果を比
較すると、図 5.35 の聴感評価においては、周波数時間変化率の増加にともな
う迫力・金属感に関する評価得点の減少が観察され、N1m 振幅値に関しても

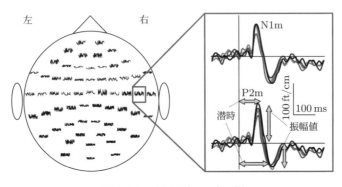

図 5.36 誘発脳磁界反応の例

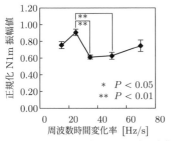

(a) 正規化 N1m 振幅値と周波数時間変化率

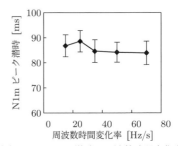

(b) N1m ピーク潜時と周波数時間変化率

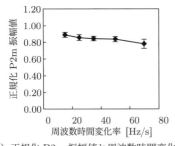

(c) 正規化 P2m 振幅値と周波数時間変化率

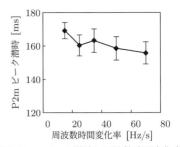

(d) P2m ピーク潜時と周波数時間変化率

図 5.37 誘発脳磁界反応と周波数時間変化率との関係

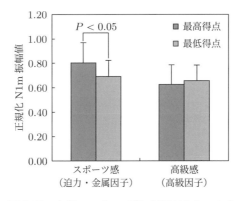

図 5.38 本当にスポーツ感と関係があるのか？

図 5.37（a）に示したように減少傾向がみられる。このことから、迫力・金属感が減少するにつれ、N1m 振幅値も減少すると考えられる。つぎに、スポーツ感（迫力・金属因子）および高級感（高級因子）に関して、被験者ごとに最高得点と最低得点の刺激における N1m 振幅値を調べ、平均値をとったものを 図 5.38 に示す。Wilcoxon signed–rank 検定の結果、スポーツ感を感じたときは、感じなかったときに比べ有意に大きい N1m 振幅値が得られている（$p < 0.05$）。一方で、高級感に関しては有意な差を確認できなかった。よって、N1m 振幅値に迫力・金属感に関する聴感評価が反映されている可能性があると考えられる。

5

音の評価実験の進め方

Lecture.6　物理特性と聴感印象のひもづけ

　これまで、心理実験、神経生理実験から、データ取り込みおよび心理音響指標について述べてきた。ここでは、サウンドデザインにおいてそれらを統合することで、ヒトの感性にもとづいたデザインを推進できることを示す。特に、信号を時間周波数平面で表すことにより、聴感印象と物理特性との関連付けを明確化できる。ここではボタン押し音やゴルフのショット音の解析などを通じて、物理特性と聴感印象のひもづけをみていこう。

6.1　カーオーディオ・メインユニットのボタン押し音の検討

6.1.1　概要

　まず、**カーオーディオ・メインユニット**のスイッチ**ボタン押し音**（以下、ボタン音）を取り上げる[75]。ここでのボタン音は電子音ではなく、押したときに構造物から発生する機械音である。そのときの音の物理特性と聴感印象がひ

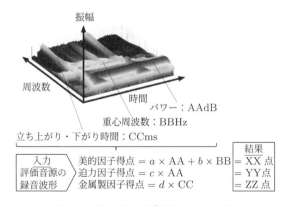

図 6.1　物理量と聴感印象のひもづけ

もづいていれば心理実験をしなくても、図 6.1 のように音を録音し解析するだけで聴感印象を予測できるようになる。ここでは解析にスカログラム（ウェーブレットのエネルギー表現）、心理音響指標および時間・周波数解析を用い、それらの聴感印象への寄与を評価した。

　心理音響指標は客観的評価方法として広く用いられているが、これらの指標は定常音を中心に音の大きさや甲高さ、粗さ感などを評価できる。しかし、解析対象となる信号がある程度継続することを前提としているため、ボタン音のような過渡音の音色評価には適さない。よって、ボタン音を評価する場合、新たに物理量と感覚量の関連付けが必要である。

　評価対象は 6 機種のカーオーディオ・メインユニットのうち、使用頻度の高いボタン 11 種類とした。文献 [75] において代表的なメインユニットはこの 11 種類でほぼ分類わけできることが示されている。データ収録は無響室にて、メインユニットから 30 cm 離れた位置でマイクロフォンによりおこなった（48 kHz, 16 bits）。データからはボタンを押したときの音（Push 音）と離したときの音（Back 音）が観測できる。なお、ボタン押し音は同一のボタンを押す場合、被験者間でその最大振幅にばらつきは少なかった。よって、被験者が数回押したものの中で最も平均に近いものを解析した。

6.1.2 音質評価指標と時間周波数解析

　まず、**音質評価指標**による評価（ラウドネス、シャープネス、ラフネス）をおこなった。表 6.1 に計算結果（最大値）を示す。これらはのちほど聴感印象との関係性解析に用いる。

　また、時間−周波数解析の中で最も基本的な方法である**スペクトログラム解析**もおこなった。図 6.2 (a) にボタン音（9）の収録信号、(b) にフーリエ解析結果、(c) にスペクトログラム解析結果、(d) に (c) に対し等ラウドネス曲線を適用した結果を示す。スペクトログラム解析結果の横軸は時間、縦軸は周波数、カラーバーは音圧（(d) は音圧に重み付けをした値）を表す。カラーバーの 30 dB 以下は暗騒音レベルであるため、30 dB 以上を表示している。フーリエ解析については Push 音と Back 音両方を合わせた解析結果と暗騒音の解

表 6.1　音質評価指標結果

ボタン	ラウドネス [sone]		シャープネス [acum]		ラフネス [asper]	
	Push	Back	Push	Back	Push	Back
No.1	0.8	1.5	2.32	2.4	0.48	1.18
No.2	2	0.08	2.03	2.7	1.18	0
No.3	1.78	0.7	1.76	2.35	1.8	0.83
No.4	2.03	0.55	2.09	2.26	2.3	0.35
No.5	1.02	1.72	2.6	2.25	1.32	1.68
No.6	0.39	0.13	2.21	2.36	0.28	0
No.7	1.12	0.68	2.69	1.78	1.3	0.62
No.8	0.61	0.02	2.66	1.9	0.77	0
No.9	1.4	0.18	2.29	2.32	1.9	0
No.10	2.6	2.8	2.53	3.08	1.3	2.4
No.11	0.81	0.2	2.67	2.4	0.6	0

析結果を示す。スペクトログラム解析において、窓関数にはハニング窓を使用し、オーバーラップは 50％ とした。

　ウェーブレット解析の**アナライジングウェーブレット**（AW）には、予備実験により時間 – 周波数分解能が最適であった Morlet ウェーブレットを用いた。周波数分解能の設定としては、AW の中心周波数が 1/3 オクターブバンドの中心周波数となるようにした。そして、ウェーブレット解析から得られたスカログラム解析結果の分布に対し、等ラウドネス曲線の重み付けをおこなった。図 6.2 (e), (f) にスペクトログラムとの比較のため、スカログラム解析結果を示す。横軸は時間、縦軸は周波数、カラーバーは音圧（(f) は音圧に重み付けをした値）を表す。また、図 6.3 にボタン音 No.1 〜 11 のスカログラム解析結果を示す。これらの結果から、後述の美的因子得点に着目した場合、高得点のボタン音は音圧が低く、低域にパワーが集中し、得点が低くなるほど音圧が高く、高域にパワーが集中する傾向がある。また、心理音響指標と比較するとスカログラムでは時間特性を解析できている点で有利であり、スペクトログラムと比較すると、スカログラムは時間分解能がよい点で有利である。

6

物理特性と聴感印象のひもづけ

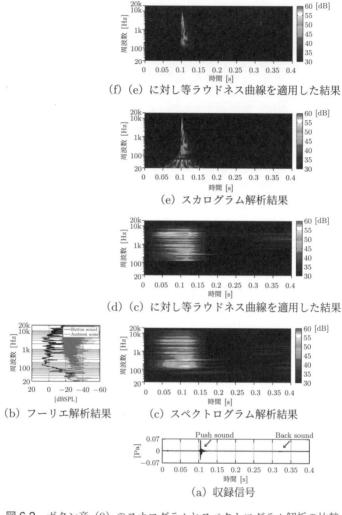

（f）（e）に対し等ラウドネス曲線を適用した結果

（e）スカログラム解析結果

（d）（c）に対し等ラウドネス曲線を適用した結果

（b）フーリエ解析結果　　（c）スペクトログラム解析結果

（a）収録信号

図 6.2　ボタン音（9）のスカログラムとスペクトログラム解析の比較

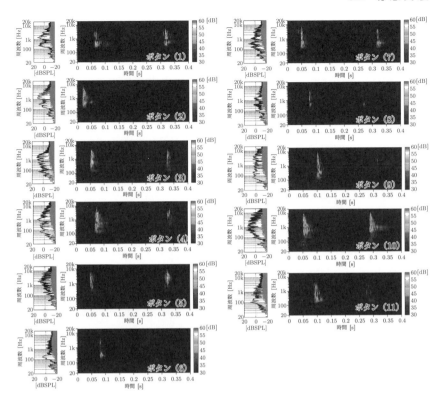

図 6.3 フーリエ解析およびスカログラムによる振幅特性；（左）Push 音と
Back 音のフーリエ解析、（右）スカログラム

6.2 聴感実験

　ボタン音の適切な評価尺度を求めるため、**SD 法**により聴感実験をおこない、
因子分析で得られた共通因子を評価尺度とした。実験は健聴者 67 名に対して
おこない、刺激音はヘッドホンによりボタン音 No.1 から No.11 まで順に提
示し、提示レベルは実際に車内操作を想定した程度とした。評価語は自動車の
コンセプトやボタン音の音質を表現するためにふさわしいと思われる 27 対の
形容詞を**ブレインストーミング**により抽出し、5 段階評価とした。また、評価
語の順序効果相殺のために 2 種類のアンケート用紙を用いている。

物理特性と聴感印象のひもづけ

6

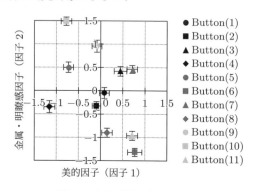

図 6.4　因子得点（因子 1, 2）

　各形容詞対においてボタン音間の有意差をおこなった結果、すべての形容詞対において有意差が得られた（$p < 0.001$）。つぎに、すべての形容詞を用い、個体として各ボタンにおける被験者を用いた場合の因子分析をおこなった。因子抽出には主因子法、回転にはバリマックス回転を用いた。その結果、因子負荷量が 0.4 以下である因子への影響の小さい形容詞と因子間の負荷量の割合が 0.9 以上である類似した形容詞を削除し、累積寄与率が 50 ％ 以下にならないように繰り返し因子分析をおこなった。その結果を 表 6.2 に示し、このときの因子得点を 図 6.4、図 6.5 に示す。図中のエラーバーは標準誤差を表す。表 6.2 より、第 1 因子から順に美的因子、金属・明瞭感因子、迫力・重量感因子と解釈し、それぞれの因子得点が高いほど「好き、心地良い、高級な、…」「はっきりした、硬い、高い、…」、「太い、迫力のある、重い、…」といった印象を表す。

　美的因子や迫力・重量感因子は高級・静寂な車両へ搭載される製品の音質評価のためにふさわしい尺度であり、金属・明瞭感因子はボタンがたしかに押されたという情報伝達のために重要な尺度であると考えられる。

6.2.1　音の物理量と感覚量の関連

　スカログラム、心理音響指標および時間・周波数特性と因子得点を重回帰分析により関連付けた結果について紹介する。目的変量を各因子の因子得点と

表 6.2 因子負荷量

形容詞対	因子 1	因子 2	因子 3	類似性
好き‐嫌い	0.82	−0.21	0.03	0.79
心地良い‐耳障りな	0.80	−0.30	−0.12	0.85
高級な‐安っぽい	0.78	−0.25	0.08	0.78
芯のある‐閉まりのない	0.64	0.33	0.14	0.67
きれい‐汚い	0.64	0.07	−0.28	0.60
安心する‐不安な	0.63	0.02	0.19	0.64
楽しい‐つまらない	0.60	0.23	0.07	0.59
深みのある‐薄っぺらな	0.59	−0.15	0.36	0.64
きめ細かい‐粗い	0.57	−0.18	−0.48	0.70
はっきりした‐ぼけた	0.22	0.75	0.11	0.75
硬い‐柔らかい	−0.07	0.69	0.02	0.65
低い‐高い	0.11	−0.63	0.20	0.54
地味な‐派手な	−0.02	−0.61	−0.28	0.68
明るい‐暗い	0.15	0.60	−0.05	0.59
丸みのある‐とげとげしい	0.39	−0.58	0.04	0.61
自然な‐人工的な	0.45	−0.56	0.05	0.64
暖かみのある‐冷たい	0.41	−0.52	0.20	0.64
細い‐太い	−0.11	0.02	−0.74	0.62
迫力のある‐物足りない	0.37	0.31	0.57	0.66
軽い‐重い	−0.28	0.12	−0.55	0.58
繊細な‐大胆な	0.29	−0.42	−0.52	0.67
短い‐長い	0.11	0.10	−0.48	0.44
Factor contribution [%]	23.3	17.2	10.7	51.2
Alpha factor	0.87	0.82	0.67	

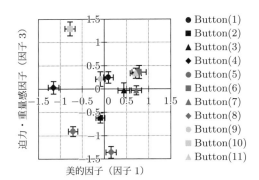

図 6.5 因子得点（因子 1, 3）

し、説明変量の候補として以下の項目を挙げた。これにより、物理量と感覚量の関係の強さが評価できる。

①　スカログラムの場合

　まず、スカログラムである。これはウェーブレット解析のエネルギー表現であり、聴覚に似た時間周波数平面上で多重解像度の分析となる。このエネルギー表現から以下の特徴を抽出した。

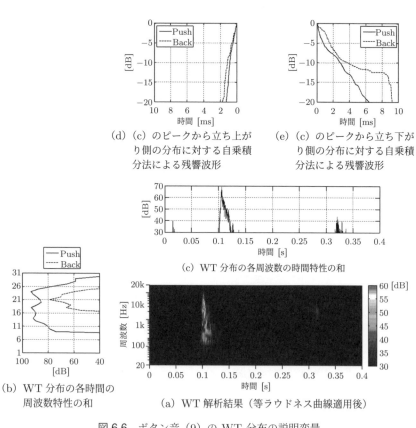

(d)（c）のピークから立ち上がり側の分布に対する自乗積分法による残響波形

(e)（c）のピークから立ち下がり側の分布に対する自乗積分法による残響波形

(c) WT 分布の各周波数の時間特性の和

(b) WT 分布の各時間の周波数特性の和

(a) WT 解析結果（等ラウドネス曲線適用後）

図 6.6　ボタン音（9）の WT 分布の説明変量

（A）振幅和

　算出方法：図 6.6（a）の振幅値の総和

（B）低域振幅和

　（1/3 オクターブバンドの中心周波数 200 Hz 以下、250 Hz 以下、315 Hz
　以下、400 Hz 以下、500 Hz 以下、630 Hz 以下、800 Hz 以下の 7 種類）
　算出方法：図 6.6（a）の低域のみの振幅値の総和

（C）各時間の周波数特性の和の重心周波数（1/3 オクターブバンドのサンプ
　ル数）算出方法：図 6.6（a）の重心周波数

（D）各時間の周波数特性の和のピークの周波数

　（1/3 オクターブバンドのサンプル数）算出方法：図 6.6（b）のピーク
　の周波数

（E）（D）のピークの周波数から低域側の傾き

　算出方法：図 6.6（b）のピークから低域側への分布を直線近似し、60 dB
　下がったときの周波数幅

（F）（D）のピークの周波数から高域側の傾き

　60 dB 下がったときの周波数幅

（G）各周波数の時間特性の和の立ち上がり時間

　算出方法：図 6.6（c）のピークから立ち上がり側の分布に対し、60 dB
　下がったときの時間幅（図 6.6（d）の自乗積分法による残響波形より
　算出）

（H）各周波数の時間特性の和の立ち下がり時間

　算出方法：図 6.6（c）のピークから立ち下がり側の分布に対し、60 dB
　下がったときの時間幅（図 6.6（e）の自乗積分法による残響波形より
　算出）

（I）スイープ音の有無

説明変量（A）〜（H）の選定理由は、基底膜と類似した多重解像度の t–f 分
解能をもつスカログラム（等ラウドネス含む）からパラメータを算出すること
で、聴覚特性を反映させるためである。（I）については、ボタン音（4）のみス

イープしており、聴感上、明らかにボタン音としてふさわしくないため、定数項ダミーとした。なお、説明変数の選定には前進選択法を用い、選定基準として多重共線性が生じない範囲で自由度調整済み重相関係数 R を用い、重相関係数および偏相関係数の検定をおこなった。

② 心理音響指標の場合

心理音響指標としては最も広く用いられている以下の 3 つとした。

- ラウドネス
- シャープネス
- ラフネス

③ 時間・周波数特性の場合

これは短時間フーリエ変換のエネルギー表現を用いた。多重解像度でなく、時間周波数平面上で一定の解像度で解析している点がスカログラムとの違いである。

（A′）周波数分布の振幅和
　　　算出方法：振幅値の総和
（B′）周波数分布の低域振幅和
　　　（1/3 オクターブバンドの中心周波数 200 Hz 以下、250 Hz 以下、315 Hz 以下、400 Hz 以下、500 Hz 以下、630 Hz 以下、800 Hz 以下の 7 種類）
　　　算出方法：低域のみの振幅値の総和
（C′）周波数分布の重心周波数
　　　（1/3 オクターブバンドのサンプル数）
　　　算出方法：重心周波数
（D′）周波数分布のピークの周波数
　　　（1/3 オクターブバンドのサンプル数）
　　　算出方法：ピークの周波数

（E′）（D′）のピークの周波数から低域側の傾き

　　算出方法：ピークから低域側への分布を直線近似し、60 dB 下がったと
　　きの周波数幅

（F′）（D′）のピークの周波数から高域側の傾き

　　算出方法：ピークから高域側への分布を直線近似し、60 dB 下がったと
　　きの周波数幅

（G′）時間波形の立ち上がり時間

　　算出方法：ピークから立ち上がり側の分布に対し、60 dB 下がったとき
　　の時間幅（時間波形の自乗積分法による残響波形より算出）

（H′）時間波形の立ち下がり時間

　　算出方法：時間波形ピークから立ち下がり側の分布に対し、60 dB 下
　　がったときの時間幅（自乗積分法による残響波形より算出）

（I′）スイープ音の有無

（A）〜（H）については、Push 音、Back 音、Push 音と Back 音の平均の 3
種類とし、暗騒音レベル以下の振幅は聴感印象に影響しないため 0 とした。な
お、（A）は音の大きさ、（B）は迫力感、（C）〜（F）は周波数バランス、（G）、
（H）は時間応答速度、（I）は特異音の有無を表すために必要なパラメータとし
て選定した〔（A'）〜（H'）も同様〕。

　以下に、得られた重回帰式と重相関係数、標準偏回帰係数の検定結果の有意
水準を示す。ただし、目的変量・説明変量のいずれも単位が異なるため標準化
している。

④ スカログラムの場合

　スカログラムにより得られる物理特性から、各因子得点は以下のように計算
できる。また、検定結果はいずれも高く信頼性の高いものといえる。

$$
\begin{aligned}
美的因子得点 = &- 0.509 \times (\text{Push 音と Back 音の重心周波数の平均}) \\
&- 0.496 \times (\text{スイープ音の有無}) \\
&- 0.358 \times (\text{Push 音と Back 音の振幅和の平均})
\end{aligned}
$$

標準偏回帰係数の検定結果（上から順番）：

$$p < 0.05, \quad p < 0.05, \quad p < 0.05 \quad R = 0.830 \qquad (p < 0.05)$$

$$\text{金属・明瞭感因子得点} = 0.670 \times (\text{Push 音と Back 音の振幅和の平均})$$
$$- 0.506 \times \begin{pmatrix} \text{Push 音と Back 音の} \\ \text{立ち下がり時間の平均} \end{pmatrix}$$

標準偏回帰係数の検定結果（上から順番）：

$$p < 0.01, \quad p < 0.05 \qquad R = 0.827 \qquad (p < 0.01)$$

$$\text{迫力・重量感因子得点} = -0.756 \times (\text{Push 音の重心周波数})$$
$$+ 0.628 \times \begin{pmatrix} \text{Push 音と Back 音の} \\ 630\,\text{Hz 以下の振幅和の平均} \end{pmatrix}$$

標準偏回帰係数の検定結果（上から順番）：

$$p < 0.01, \quad p < 0.05 \qquad R = 0.747 \qquad (p < 0.05)$$

⑤　心理音響指標の場合

　心理音響指標を用いた各因子得点は以下のように計算できる。金属・明瞭感因子のみ 0.7 を超える検定結果であり、これのみではほかの因子得点の計算はできないことがわかる。

$$\text{美的因子得点} = -0.591 \times (\text{Push 音と Back 音のラウドネスの平均})$$
$$= -0.173 \times (\text{Push 音と Back 音のシャープネスの平均})$$

標準偏回帰係数の検定結果（上から順番）：

$$p < 0.05, \quad p < 0.28 \qquad R = 0.568$$

$$\text{金属・明瞭感因子得点} = 0.689 \times (\text{Push 音と Back 音のラウドネスの平均})$$
$$+ 0.391 \times (\text{Push 音と Back 音のシャープネスの平均})$$

標準偏回帰係数の検定結果（上から順番）：

$$p < 0.01, \quad p < 0.16 \qquad R = 0.758$$

迫力・重量感因子得点 $=0.504 \times$ (Push 音と Back 音のラウドネスの平均)
$$- 0.095 \times (\text{Push 音のシャープネス})$$

標準偏回帰係数の検定結果（上から順番）：

$$p < 0.07, \quad p < 0.38 \qquad R = 0.250$$

⑥ 時間・周波数特性の場合

　スペクトログラムを用いた各因子得点は以下のように計算できる。美的因子のみ 0.7 を超える検定結果であり、ここでも、これのみではほかの因子得点の計算はできないことがわかる。

美的因子得点 $= - 0.548 \times$ (スイープ音の有無)
$$- 0.475 \times (\text{Push 音と Back 音の重心周波数の平均})$$
$$- 0.113 \times (\text{Push 音と Back 音の振幅和の平均})$$

標準偏回帰係数の検定結果（上から順番）：

$$p < 0.05, \quad p = 0.104, \quad p = 0.377 \qquad R = 0.719$$

金属・明瞭感因子得点 $=0.619 \times$ (Push 音と Back 音の振幅和の平均)
$$- 0.274 \times \begin{pmatrix} \text{Push 音と Back 音の} \\ \text{立ち下がり時間の平均} \end{pmatrix}$$

標準偏回帰係数の検定結果（上から順番）：

$$p < 0.05, \quad p = 0.148 \qquad R = 0.697$$

迫力・重量感因子得点 $=0.388 \times \begin{pmatrix} \text{Push 音と Back 音の} \\ \text{250 Hz 以下の振幅和の平均} \end{pmatrix}$
$$- 0.242 \times (\text{Push 音の重心周波数})$$

6

物理特性と聴感印象のひもづけ

標準偏回帰係数の検定結果（上から順番）：

$$p < 0.125, \quad p = 0.231 \qquad R = 0.233$$

　分析の結果、**スカログラム**の場合のみ、3因子とも重相関係数、標準偏回帰係数が有意であった。なお、これらの結果は説明変量（A）〜（I）の中から最も相関の高い組み合わせを示している。

　たとえば、美的因子の説明変量に重心周波数ではなくピーク周波数を用いると、有意な相関が得られない。重心周波数では信号全体の情報を含んでおり周波数バランスをより正確に表しているため、美的因子と相関が高くなったと考えられる。また、美的因子や金属・明瞭感因子では説明変量に Push 音とBack 音の平均を選択しているが、迫力・重量感因子については Push 音のみの重心周波数が選定されている。これは、ボタンを押したときの重さを連想するためと考えられる。

　さらに、各因子の説明変量として、**時間・周波数特性**から求めたパラメータを用いた場合、有意な相関が得られなかった。心理音響指標についても非定常なボタン音を十分に評価できなかった。

　美的因子得点の違いによってスカログラムが異なる様子を追ってみよう。図6.3 において、重回帰分析による因子得点の高いボタン音（11）（高得点で実験値とのずれの小さいボタン）、平均点のボタン音（9）、低得点のボタン音（5）〔スイープ音を含むボタン音（4）を除く、低得点で実験値とのずれの小さいボタン〕の分布および重回帰式より、美的感の高いボタン音は、重心周波数が低く、振幅が小さいボタン音（11）のようなスカログラムで、美的感を製品のコンセプトとした場合の客観的評価指標になると考えられる。

　同様に、金属・明瞭感のあるボタン音設計をする場合は振幅が大きく、立ち下がり応答速度が速いスカログラム、迫力・重量感の場合は Push 音の重心周波数が低く、低域振幅和が大きいスカログラムが設計目標となる。

6.2.2　音質評価の自動化

　前節まてカーオーディオ・メインユニットのボタン押し音について、その物理特性を音響心理指標や時間周波数解析により表現し、聴感印象との対応付け

をおこなった。その結果から解析結果と聴感印象は高い相関があることが確認
できた。

　音を時間周波数領域で表したものが聴感印象と結び付くのであれば、それは
画像領域と同じく自動化できそうだ。現に音のスペクトログラム（時間周波数
解析）によって音の認識をおこなう例が MATLAB でも紹介されている[76]。
現在は機械学習や**ニューラルネット**が注目を集めている。

　ここでは前回用いられたスカログラムの知見をもとにニューラルネットによ
る評価の自動化を試みる。

　前節まで明らかになった、ボタン押し音の時間的変化に注目し、それらに対
応する 3 つの感性情報（迫力因子、金属因子、美的因子）の評価得点を出力
するモデルを、ニューラルネットワークを用いて構築する。さらに、学習後の
ネットワークの内部解析をすることにより、ボタン押し音の特性と印象の関係
について検討する。

　まず、音響情報の獲得である。スイッチボタン 11 種類（B01 〜 B11）の
プッシュ時に発生する音の**スカログラム**を用いる。図 6.7 に示すように、ボタ
ン押し音には押したときに発生する音（プッシュ音）とボタンが戻るときに発
生する音（バック音）があることが確認できる。ここではプッシュ音にのみ注

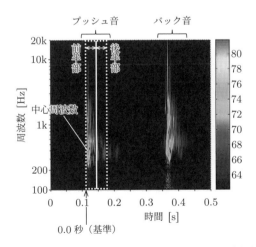

図 6.7　ボタン音に対するニューラルネットの識別音響情報

6

物理特性と聴感印象のひもづけ

109

目した例について紹介する[77]。

　図 6.7 において、100 ～ 20 000 Hz の音圧レベルの総和が最大となる時刻を 0 秒（基準）とし、0.0 ～ 0.015 秒 におけるプッシュ音発生時の構成周波数の重心を求め、これを中心周波数とした。

　また、0.0 ～ 0.040 秒 における構成周波数の音圧レベルの平均値を求め、これをプッシュ音における音圧レベル前半部とした。

　同様に、0.040 ～ 0.080 秒 における構成周波数の音圧レベルの平均値を求め、これを音圧レベル後半部とした。

　これらを 0.0 ～ 1.0 の値に規格化しボタン音の音響情報（ニューラルネットワークの入力）とする。

　ボタン音の聴感印象は前号で述べた **SD 法**による印象評価実験結果である。**表 6.3** は各ボタン音に対する評価得点と「好き－嫌い」の評価結果を、感性情報（ニューラルネットワークの教師データ）にするため、−1.0 ～ 1.0 の値に正規化したものである。これは次式に示すニューラルネットの出力となる**シグモイド関数**の出力範囲に合わせたものである。

$$f(x) = \frac{2}{1 + e^{-x}} \tag{6.1}$$

x はニューラルネットワークの入力、$f(x)$ はその出力である。

　これを用いるニューラルネット本体を **図 6.8** に示す。入力として中心周波

表 6.3　ニューラルネットワークに与える教師データ（因子得点）

	B01	B02	B03	B04	B05	B06
金属因子得点	0.01	−0.17	0.31	−0.18	0.14	−0.57
美的因子得点	0.04	0.09	−0.04	−0.30	−0.25	0.52
迫力因子得点	0.03	−0.30	0.27	−0.10	−0.17	−0.30
「好き－嫌い」の得点	0.40	0.15	0.50	−0.79	−0.35	0.90
	B07	B08	B09	B10	B11	
	0.28	−0.57	0.42	0.77	−0.45	
	0.07	0.49	−0.26	−0.75	0.39	
	0.25	−0.76	0.42	0.93	−0.28	
	0.76	0.68	−0.04	−0.60	0.76	

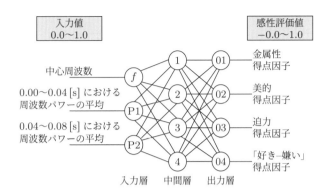

図 6.8　ボタン音に対するニューラルネットの構成

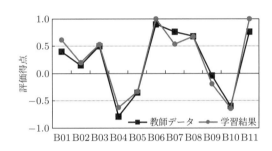

図 6.9　"好き－嫌い"の学習結果

6

物理特性と聴感印象のひもづけ

数、プッシュ音前半の周波数パワーの平均、後半の周波数パワーの平均を与えると、3 因子の因子得点と "好き－嫌い" の得点を出力するものである。ニューラルネットはこのように入力層、中間層、出力層からなり、ディープラーニングの場合はこのような 3 層以上にする必要がある。

　さて、この状態で 11 個のボタン押し音を使って 30 000 回学習させた結果のうち、"好き－嫌い" の結果を 図 6.9 に示す。なんとすばらしい結果であろうか。ほぼ完全に一致している。高級車のボタン音 B06 は被験者が好きな音であったが、見事に一致している。

　とはいえ、ここで気を付けなければいけないことがある。ニューラルネットワークの "過学習" とよばれる現象である。1 つ 1 つのデータの特徴を捉えす

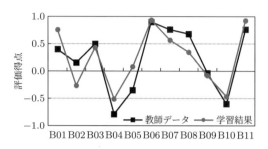

図 6.10　中間層を除いたニューラルネットにおける "好き‐嫌い" の学習結果

ぎると、未知のデータに対する適応能力がなくなってしまうのである。

　似たような特徴を異なった特徴としてクラスタリングしてしまうためだ。ではどうすべきか。多少学習誤差が大きくなっても、未知のデータに対応できるようにする必要がある。そこで、ニューラルネットワークモデルを構成するユニット数を必要最小限にし、大まかなクラスタリングとすることだ。

　では、図 6.8 のモデルのユニットを極限まで減らすとどうなるのか。中間層がなくなり、入力層と出力層だけになる。そのように変更したときの "好き‐嫌い" の結果を 図 6.10 に示す。

　少し誤差が大きくなったものの学習データの特徴をとらえており、未知データへの対応も可能であった[77]。特徴量が明確に得られている場合、当然のことながら**深層学習**は必要ないのである。

　AI 研究者の Twitter に "機械学習エンジニアを雇うと、機械学習を使うはずだったプロジェクトに「機械学習は必要ない」とダメ出しされるから、雇わない方がよいというジョークを聞いた"[78] というのもある。よい特徴量が得られれば識別は簡単にできるからである。

6.2.3 他感覚の音印象への影響

さて、ここまでは音のみによる評価で
あった。しかし、実際に音だけでその製品
の良し悪しを決定することがあるだろう
か。Lecture.1 で述べたように、音質とは
期待である。その期待はどこからやって
くるのか。それは視覚印象といえるだろう
（図 6.11）。みた目から "これはこんな音
がするに違いない" と想像し、その想像に
聴感印象が届かなければ音質は悪いという
ことになる。

想像どおりの音だったとしよう。そうす
ると視覚刺激のフィードバックによりさら
に印象は増幅され、さらにボタン音であれ

図 6.11　音質は期待

ば**触覚**により増幅される。何が増幅されるのか？　H. Gillmeister らは音を聞
きながら同時に指先に振動を加えると、その音が大きく聞こえるという結果を
得た [79]。ここではボタン音の触覚が聴感印象に与える影響 [80] についてみて
いくことにする。

対象となるボタン音はこれまでみてきた 3 機種のカーオーディオ・メイン
ユニットのうち、ボタン 3 種類である。取り上げたボタン音はつぎの 3 つで、
それぞれの音圧はボタン B01 の音圧レベルが 65 dB、ボタン B06 が 55 dB 、
ボタン B10 が 70 dB とそれぞれもともとの音の大きさも異なっている。

ここでの触覚刺激は、異なる大きさの振動パターン 2 種類（振動継続期間
10 ms と 30 ms）で、振動タッチパネルで提示する。そのタッチパネルの画面
上のボタンを押したときと離したとき、それぞれのタイミングに同期するよう
に Push 音、Back 音を再生する。タッチパネルは、石井表記社製の振動タッ
チパネル：GOP–4104 である。ボタン操作時のフィードバックはタッチパネ
ルの画面奥行き方向の振動により指先に与えられる。実験は 20 ～ 40 代 の健
聴者 20 名（男性 13 名、女性 7 名）に対して **SD 法**によりおこない、音はヘッ

物理特性と聴感印象のひもづけ

6

ドホンより提示した。評価用紙には、聴感に関する 26 対 の形容詞対の評価と最後にそのボタンが好きか嫌いかを判断してもらった。図 6.12 が実験結果である。これらの値は被験者 20 名 の平均値で、値が高いほどネガティブな評価である。以下に各ボタン音での振動の大きさが変わることによって 5% 有意水準で有意であった印象を示す。

　ボタン B01 で振動の大きさが変わる場合、

　　「繊細な – 大胆な」、「きめ細かい – 粗い」、「心地良い – 耳障りな」、「新
　　鮮な – ありきたりな」、「丸みのある – とげとげしい」、「軽い – 重い」、
　　「暖かみのある – 冷たい」、「低い – 高い」、「好き – 嫌い」

の 9 対の形容詞対が有意であった。

　ボタン B06 で振動の大きさが変わる場合、

　　「短い – 長い」

の 1 対の形容詞対が有意であった。

　ボタン B10 で振動の大きさが変わる場合、

　　「単純な – 複雑な」

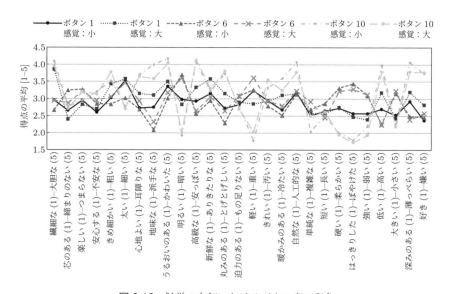

図 6.12　触覚の有無におけるボタン音の印象

の 1 対の形容詞対が有意であった。

　有意差検定で、ボタン B01 における触覚の強さの違いで差が現れた形容詞対「軽い - 重い」、「低い - 高い」、「暖かみのある - 冷たい」、「丸みのある - とげとげしい」は "金属性因子"、そして「心地良い - 耳障りな」、「きめ細かい - 粗い」は "美的因子" であり、触覚刺激が弱いほど "金属性因子" と "美的因子" はポジティブに評価された。しかし、ボタン B06、B10 にそれぞれ 1 対ずつしか形容詞対に有意差が現れていない。そこで、触覚の影響をより詳しくみるために**触覚刺激**が存在する場合と存在しない場合を確認してみた。以下のような結果となった。

　ボタン B01 での触覚有無感は、

　　「高級な - 安っぽい」、「新鮮な - ありきたりな」、「迫力のある - もの足りない」、「軽い - 重い」、「暖かみのある - 冷たい」、「単純な - 複雑な」、「短い - 長い」、「強い - 弱い」、「深みのある - 薄っぺらい」、「好き - 嫌い」

の 10 対の形容詞対に差が現れた。

　ボタン B06 では

　　「暖かみのある - 冷たい」、「単純な - 複雑な」、「低い - 高い」

の 3 対に、ボタン B10 では

　　「地味な - 派手な」、「明るい - 暗い」、「軽い - 重い」、「はっきりした - ぼやけた」

の 4 対の形容詞対に差が現れた。

　ボタン B01 における触覚の強さの違いで差が現れた形容詞対「強い - 弱い」、「迫力のある - もの足りない」は "迫力因子"、「軽い - 重い」、「深みのある - 薄っぺらい」、「短い - 長い」、「単純な - 複雑な」は "金属性因子"、「高級な - 安っぽい」、「暖かみのある - 冷たい」は "美的因子" である。触覚刺激が存在するときは存在しないときよりも "迫力因子" と "美的因子" はポジティブに評価され、"金属性因子" は「深みのある - 薄っぺらい」を除きネガティブに評価された。

　ボタン B06 における触覚の強さの違いで差が現れた形容詞対「低い - 高い」は "迫力因子"、「単純な - 複雑な」は "金属性因子"、「暖かみのある - 冷たい」

6

物理特性と聴感印象のひもづけ

115

は“美的因子”である。ボタン B01 と同様に触覚刺激が存在するほうが“迫力因子”と“美的因子”はポジティブに評価され、“金属性因子”はネガティブに評価された。

ボタン B10 では「はっきりした‐ぼやけた」、「地味な‐派手な」、「明るい‐暗い」は“迫力因子”、「軽い‐重い」は“金属性因子”であった。触覚刺激が存在するときのほうが“金属性因子”はネガティブに評価されたが、“迫力因子”が「地味な‐派手な」を除きほかの 2 つのボタン音の傾向とは異なるようにネガティブに評価された。

これによりボタン音の聴感印象は、触覚刺激が存在しないときに比べ、存在するときのほうが“迫力因子”と“美的因子”がポジティブに評価され、“金属性因子”はネガティブに評価される傾向にあった。「強い」や「はっきりした」などが含まれる“迫力因子”がポジティブに評価されるのは、触覚の存在がボタン音を強調していることがわかる。「心地良い」や「暖かみのある」、「安心する」などが含まれる“美的因子”がポジティブに評価されるのは、ボタン音を押す動作をしたときボタンの感触がないのは不自然で、感触があるほうが自然な安心感を与えられるといえる。

H. Gillmeister らの実験[79]では、弱い聴覚刺激を検知するため聴覚刺激の強度がより小さいほうが触覚の影響を受けやすいことが示されており、ボタン音 B10 よりボタン音 B06 のほうが聴覚強度が小さいので、印象に差が現れた。

以上のようにボタン押し音の評価とその自動化、触覚の感覚が加わることによる印象変化について紹介した。この結果をボタン押し音のサウンドデザインへのフィードバックすることにより、より有機的なサウンドデザイン開発が可能になる。

6.3　ゴルフショット音の検討

ボタン音のような過渡音として**ゴルフショット音**があげられる。ゴルフクラブは、飛距離、方向性、重量バランスやデザインなどさまざまな角度から評価され、ゴルファーの求めるものへと進化している。

しかし、その進化にともないショット時の飛距離の増大による問題が注視され、2008 年に **SLE ルール**（Spring Like Effect、反発係数を 0.83 未満にし、ショット時のスプリング効果を規制するルール）が設けられた。そのため、飛距離だけでなく、ショット音も重要となってきた。多々ある**ゴルフクラブ**の性能の中でゴルフショット音はゴルファーがショットの優劣を認知する重要な要素であるといえる[81]。

ドライバーは主流の丸型ヘッドのほかに、三角型、四角型などのモデルが登場している。それらのショット音は、ゴルファーから賛否さまざまな評価を受けている。また、使用するボールによってもショット音や打感が変わってくるという意見をよく耳にする。ここでは、形状の異なる 3 種類のゴルフクラブと硬さや性能の異なる 3 種類のゴルフボールを用い、**心理音響指標**である時変ラウドネス、シャープネス、ラフネスと**スカログラム**による時間周波数特性の解析をおこない、各ショット音の特性と聴感印象との関連を調査した[82]。

ここで取り上げるゴルフクラブは、ヘッド形状の異なる 3 種類のドライバー（1 番ウッド）である。その 3 種類のクラブはそれぞれクラブ I 丸型、クラブ II 三角型、そしてクラブ III 四角型のヘッド形状をもつ。ヘッド形状が異なるためヘッド体積も多少異なる。各ゴルフクラブのそのほかの物理的特性（重量、シャフト硬さ、フェース材質など）は、ほぼ同等である。一方解析対象としたゴルフボールは、性能や硬さの異なる人気機種 3 種である。ボール 1 は初心者に好まれる硬いディスタンス系のボール、ボール 2 はプロ上級者に好まれる柔らかめのボール、ボール 3 は中・上級者に好まれる柔らかいスピン系のボールである。

ショット音は打者の両耳の位置で収録をおこなった。これは打者がショットした際に感じる音をできるだけ再現するためである。収録には、同時に 2ch 収録可能な両耳マイクを使用した。しかし、このマイクをそのまま使用すると打者のスイングの妨げとなるため、マイクを帽子に固定しショットの妨げにならないようにした。打者には再現性を重視し、プロゴルファーに協力していただいた。

聴感実験には 14 項目の質問を用意したアンケートを使用し、被験者 9 名に対しおこなった。被験者は 20 代 の男性 6 名 と女性 3 名、ゴルフ経験未経験

の方に協力していただいた。ゴルフクラブの主観評価には **SD 法**を、ゴルフボールの評価には**一対比較法**をそれぞれ用いた。アンケート結果より、クラブ I が最も鋭く高い音であるという評価を受けたのに対し、クラブ III は鈍く低い音であると評価された。一方、ボールの実験結果は、どのクラブにおいても硬いボール 1 よりやや柔らかいボール 2 の方が爽快感や心地良さのよい音と評価された。

　ショット音の客観評価には、ボタン押し音と同様に心理音響指標とスカログラムによる時間周波数解析を用いておこなった。図 6.13 はボール 2 使用時の各クラブの結果である。クラブ I は 4500 Hz、クラブ II は 3500 Hz、クラブ III は 3000 Hz 付近にエネルギーの集中が観測できる。クラブ I が高いショット音であるのに対し、クラブ III が低いショット音であるといえる。

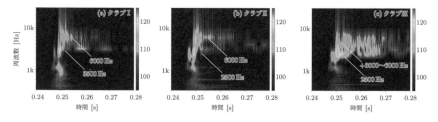

図 6.13 各クラブのスカログラム

表 6.4 ゴルフクラブの音響心理指標による評価

クラブ No.	ボール No.	時変ラウドネス [sone]	シャープネス [acum]	ラフネス [asper]
I	1	56.1	16.3	4.45
I	2	62.7	18.9	5.02
I	3	60.7	18.8	4.31
II	1	64.6	19.9	4.02
II	2	70.7	21.6	3.96
II	3	65.8	18.6	3.97
III	1	68.7	22.6	3.57
III	2	80.1	27.7	3.87
III	3	76.4	27.2	3.57

表 6.4 は、各クラブとボールの
組み合わせによる心理音響指標の結
果をまとめている。そして 図 6.14
は、各クラブの時変ラウドネスの時
間変化を示している。このとき使用
したボールはボール 2 である。ク
ラブにおいてはクラブ III が最も大
きく、クラブ I が最も小さい値と
なった。その差はボール 2 使用時に
約 18 sone ある。シャープネスも時

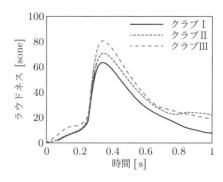

図 6.14　各クラブの時変ラウドネス

変ラウドネスと同様、クラブ III が最も大きく、クラブ I が最も小さい。し
かし、この結果はクラブ I が高くクラブ III が低いというスカログラムによ
る中心周波数の結果と一致していない。これは本来定常音に用いられるシャー
プネスを非定常音であるショット音に使用したことが原因と考えられる。その
ため、本解析には動特性解析に有効なスカログラムが望ましく、この聴感印象
はやはりスカログラムと同じ結果であった。ラフネスの結果は、クラブ I が
最も大きくクラブ III はほぼ同様な結果となった。

　以上のように、3 種類のクラブとボールを組み合わせた計 9 種類のショット
音を用い、心理音響指標である時変ラウドネス、シャープネス、ラフネス、そ
して、WT による時間周波数解析をおこなった。これらの解析結果より、クラ
ブ I は高く落ち着いた音、クラブ I は高めで迫力のある音、そして、クラ
ブ III は、低く大きな音であることと分析できた。このように、これらのサウ
ンドの客観評価結果と聴感実験による主観評価結果との整合性がとれているこ
とがここでも確認できた。

6.4　乗車シーンと係留効果

　自動車においても付加価値の向上のためのサウンドデザインが重要視されて
いる。ドライバーが自動車に魅力を感じる要素として、運転する楽しさや歓
び、感動といった「ワクワク感」がある。自動車から発生する音はワクワク感

6

物理特性と聴感印象のひもづけ

を感じる重要な役割をもっていると考えられる[83]。走行時のエンジン音に注
目してきたが、ワクワクするのは運転時よりもその前の**ストーリー**にある可能
性もある。

　そこで、ここでは運転をする前の自動車に乗り込むシーンの一連の動作に注
目をして調査をおこなった結果について紹介する[84]。ここでのシーンは「ド
アを開ける」、「ドアを閉める」、「エンジンをかける」という一連の動作である。

　まず、感覚の因子を調べるため、**SD 法**を用いて聴感印象実験をおこない、
因子分析から因子得点と各刺激音の特性との関係を調査した。その結果につい
て紹介する。

　実験においては、ドア開け音、ドア閉め音、エンジンスタート音の 3 つ
をまとめて 1 つの刺激音とした。6 車種の刺激音[85]を用意し、これらは
ヘッドホンアンプ（SDAR-2100-BK）を介し、開放型ヘッドホン（HD650,
SENNHEISER, Co.）によって被験者に両耳提示する。

　また、これまで述べてきたように、音質の評価は個々の期待により決定され
る。音質とは期待である。そこで、自動車の画像から発生する音の期待（イ
メージ）をもたせるため、3 つの刺激音に合わせて自動車のドア、エンジンの
スタートスイッチの画像をモニターで提示した。期待感の基準をそろえるため
画像はすべて統一し、刺激音と形容詞対は被験者ごとにランダムな順序で提示
した。

　つぎに、聴覚健常者 20 名（大学生 19 〜 24 歳、うち男性 13 名、女性 7 名）
を被験者として聴感実験をおこなった。画像と自動車のドア開け音、ドア閉
め音、エンジンスタート音が連続して提示されることを説明したうえで、**表
6.5** に示す形容詞対 17 種類に対し、**7 件法**の尺度による **SD 法**で評価を求め
た。測定は無響室内でおこなった。因子分析では、最尤法、バリマックス回
転を適用した。因子分析により得られた因子負荷量を **表 6.6** に示す。その結
果、3 つの因子が得られた。因子を構成する形容詞対の組み合わせにより、そ
れぞれ、明るさ因子、感情因子、迫力因子とした。刺激ごとの因子得点の結
果を **図 6.15** に示す。刺激 3 と刺激 6 において得点の差が大きくみられた
（$p < 0.05$）。この 2 つの刺激音に注目してみよう。

　刺激 3 と刺激 6 におけるドア開け音、ドア閉め音、エンジンスタート音の

120

表 6.5 乗車における聴感評価

軽快な	重い
高い	低い
澄んでいる	濁っている
反応のよい	反応の悪い
鋭い	鈍い
明るい	暗い
立ち上がりがよい	立ち上がりが悪い
速い	遅い
スポーツ感のある	スポーツ感のない
刺激のある	刺激のない
興奮する	落ち着いている
迫力のある	おとなしい
かっこよい	かっこ悪い
響く	響かない
安心する	不安な
好き	嫌い
苦痛のない	苦痛のある

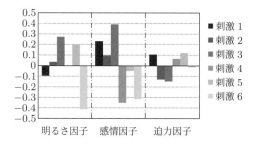

図 6.15 乗り込み時の印象の因子得点平均値

エネルギー分布を 図 6.16 に示す。ドア閉め音において、明るさ因子の因子得点が高い刺激 3 は低音であり、因子得点の低い刺激 6 は高音である。それに対して、エンジンスタート音においては、明るさ因子の因子得点が高い刺激 3 は高音、因子得点の低い刺激 6 は低音であった。ドア閉め音の低音によりエンジンスタート音の高音がより強調され、ストーリー全体の聴感印象が最後のエンジンスタート音に影響することが考えられる。このように前の音が後の音

6

物理特性と聴感印象のひもづけ

表 6.6　乗り込み時の印象実験に対する因子分析結果

形容詞対	因子		
	1	2	3
明るい－暗い	0.836	−0.032	0.039
軽快な－重い	0.829	0.024	−0.131
鋭い－鈍い	0.785	0.002	0.090
速い－遅い	0.742	0.215	0.219
立ち上がりがよい－立ち上がりが悪い	0.725	0.323	0.040
澄んでいる－濁っている	0.716	0.206	−0.128
反応のよい－反応の悪い	0.681	0.357	0.095
高い－低い	0.652	−0.128	0.159
スポーツ感のある－スポーツ感のない	0.486	0.345	0.375
安心する－不安な	0.141	0.733	−0.347
かっこよい－かっこ悪い	0.183	0.704	0.372
苦痛のない－苦痛のある	0.110	0.690	−0.333
好き－嫌い	0.000	0.677	0.085
迫力のある－おとなしい	−0.108	−0.102	0.810
興奮する－落ち着いている	0.241	0.094	0.697
刺激のある－刺激のない	0.245	−0.102	0.667
響く－響かない	−0.040	−0.056	0.417

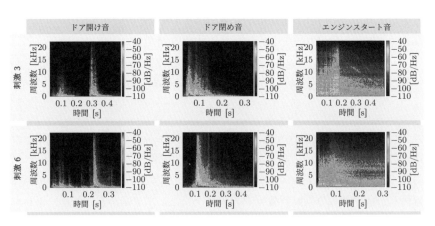

図 6.16　自動車乗り込み時の一連動作における音のエネルギー分布

に影響することを**係留効果**といい、サウンドデザインにおいて有効に用いられる。今回はエンジンスタート音の高い音を前のドア閉め音の低い音が修飾したことになる。

6.5　自動車エンジン音の次数成分と聴感印象

　さて、加速時のエンジン音については Lecture.5「音の評価実験の進め方」において、**エンジン加速音**の加速度（時間周波数変化率）との関係を神経生理学の結果と交えて紹介した。自動車エンジン音に対しての快適さ、不快感というのはあくまでも人が主観的に判断するものであり、計測器で測定したデータからそれを予測することは非常に困難である。ここでは、エンジン音に対する主観的不快感の指標化のために、加速感以外のエンジン音に対して**快・不快**に関する聴感印象評価をおこなった[86]。

　刺激音にはエンジン回転数に関連する成分の音圧レベルおよび振幅変調度の異なる刺激を用いた。**4 気筒エンジン**は、1 回転につき 2 回の爆発が生じ、これにより 2 次の加振力が発生し、この高調波成分がエンジン音の主成分となる。Lecture.5 においてもみたように、エンジン音はピーク成分をもつ高調波成分とそれ以外の周波数成分にわけられる。

　まず、加速感以外の加速走行ではゴロゴロ音の原因となる**ハーフ次数成分**のレベル変動である。ハーフ次数成分とはエンジン回転数の $n + 0.5$ 次の周波数成分である。モデル音にはハーフ次数成分の強度を $+20, +10, \pm0, -10\,\mathrm{dB}$ 増加させたもの、およびハーフ次数成分を除いたものを刺激として用いる。

　つぎに、加速走行時の**こもり音**の発生原因となる爆発 1 次成分の音圧レベル変動について聴感印象の計測をおこなった。モデル音には爆発 1 次成分の強度を $+20, +10, \pm0, -10\,\mathrm{dB}$ 増加させたもの、および爆発 1 次成分を除いたものを刺激として用いた。

　最後に、加速走行時のこもり音の発生原因となる爆発 1 次成分の振幅変調強度に関する聴感印象の計測をおこなった。爆発 1 次成分に対する振幅変調強度が大きくなることにより、エンジン音の「滑らかさ」が低減すると考えられる。ここでは、爆発 1 次成分の振幅変調強度の違いによる聴感印象評価に

6

物理特性と聴感印象のひもづけ

123

関する検討もおこなった。刺激音の振幅 M を次式のように表した。

$$M = e^{m/20} \tag{6.2}$$

ここで、$m = -0, -6, -10, -20, -40\,\mathrm{dB}$ としたものを刺激として用いた。

　刺激音は実車より収録したエンジン吸気音を用いて、**正弦波モデル**[86] (Sinusoidal model) によりモデル音を生成した。正弦波モデルは音合成方法の 1 つであり、図 6.17 のように音波形に対して分析、変換、再合成をおこなう。正弦波モデルでは、短時間フーリエ変換により原音に含まれる各フレームのスペクトログラム上のピークを取り出し、それらの瞬時振幅、瞬時周波数、瞬時位相の情報から、時間的にピークをたどり部分音を決定していく。対象とする加速音はセダン左ハンドル 2.3 L 直列 4 気筒エンジンで、3rd ギアアクセル全開加速のときのものである。

　聴感実験においては、聴覚健常者 10 名（男性 6 名、20 〜 40 代）を被験者とした。なお、被験者には、日常的に（週 4 日以上）自動車を運転するドライバーとほとんど自動車を運転しない（年に 1、2 回以下）ドライバーがいた。聴感印象評価はシェッフェの**一対比較法**（浦の変法）によりおこない、自動車運転時における加速音としての不快感についての判断を求めた。実験の回答は判断画面にしたがって、マウスを用いて回答させた。防音室内において、5 種類の刺激音のうちの 2 つが 1000 ms の間隔をもって提示された。被験者には提示される刺激対に対して、より不快に感じる刺激音およびその不快度について判断するよう教示した。聴感印象評価の結果、刺激音に対する被験者ごとの

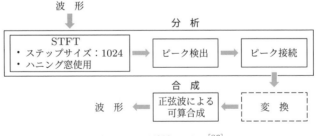

図 6.17　正弦波モデル[86]

聴感印象を表す**アノイアンス尺度値（不快感尺度値）**を算出した。

　では、各刺激条件におけるエンジン回転に関連する成分と主観的アノイアンス（不快感）の関係についてみてみよう。聴感印象で得られたハーフ次数成分のレベルと個人ごとのアノイアンス尺度値の関係を **図 6.18** に示す。

　ハーフ次数成分のレベルの増加にともない、アノイアンス尺度値が増加するグループと減少するグループに別れることが確認できた。アノイアンス尺度値が増加した被験者 3 名 は全員が日常的に自動車を運転する者であったのに対し、アノイアンス尺度値が減少する被験者は、7 名 中 6 名 がほとんど自動車を運転しない者であった。

　すべての被験者において、ハーフ次数成分を $-10\,\mathrm{dB}$ とした刺激音に対してはアノイアンス尺度値の差がほとんどないため、原音に対してハーフ次数成分を $10\,\mathrm{dB}$ 減少させることが 1 つのエンジン音設計指標になると考えられる。

　また、自動車の運転経験の違いによる刺激音に対する聴感印象の違いについて検討した。日常的に自動車を運転するグループとほとんど自動車を運転しないグループに対して、アノイアンス尺度値の得点とダイナミックレンジの大きさについて t 検定を用いて有意差検定をおこなった。その結果、アノイアンス尺度値の得点およびダイナミックレンジとも、刺激音に対する聴感印象に関しての運転経験による有意な効果は確認できなかった（得点：$p = 0.795$、ダイナミックレンジ：$p = 0.189$）。

　一方、アノイアンス尺度値が増加するグループと減少するグループに対し

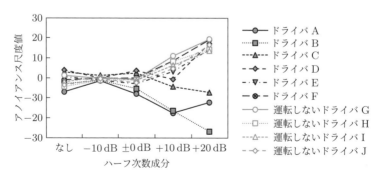

図 6.18　ハーフ次数成分の音圧レベルとアノイアンス尺度値の関係

て、アノイアンス尺度値の得点とダイナミックレンジの大きさについては、ハーフ次数成分の増加をともなうアノイアンス尺度値の大きさに対して、有意な効果が確認できた（得点：$p < 0.05$、ダイナミックレンジ：$p = 0.950$）。ハーフ次数成分が含まれることによってエンジン音のラフネスが増加するが、エンジン音にこだわりがあるドライバーは運転時に聴取しているエンジン音と結び付けてポジティブな印象を感じ取っていると考えられる。

　つぎに、聴感印象で得られた爆発 1 次成分の音圧レベルと個人ごとのアノイアンス尺度値の関係を調査した。これも爆発 1 次成分の音圧レベルの増加にともない、アノイアンス尺度値が増加するグループと減少するグループに別れることが確認できた。アノイアンス尺度値が増加した被験者 6 名 のうち 4 名 が日常的に自動車を運転するドライバーであり、アノイアンスが減少した被験者は 4 名 中 2 名 がほとんど自動車を運転しないドライバーであった。

　すべての被験者において、爆発 1 次成分を増加させた刺激音に対してはアノイアンス尺度値の差がほとんどないため、原音に対して爆発 1 次成分を 10 dB 減少させることが、1 つのエンジン音設計指標になると考えられる。

　また、同様に自動車の運転経験の違いによる刺激音に対する聴感印象の違いについて検討した。日常的に自動車を運転するグループとほとんど自動車を運転しないグループに対して、アノイアンス尺度値の得点とダイナミックレンジの大きさについて t 検定を用いて有意差検定をおこなった。その結果、アノイアンス尺度値の得点およびダイナミックレンジとも、刺激音に対する聴感印象に関しての運転経験による有意な効果は確認できなかった（得点：$p = 0.719$、ダイナミックレンジ：$p = 0.402$）。アノイアンス尺度値が増加するグループと減少するグループに対して、アノイアンス尺度値の得点とダイナミックレンジの大きさについては爆発 1 次成分の音圧レベル増加をともなうアノイアンス尺度値の大きさに対して有意な効果が確認できた（得点：$p < 0.01$、ダイナミックレンジ：$p = 0.810$）。

　最後に、聴感印象で得られた爆発 1 次成分の振幅変調度のレベルと個人ごとのアノイアンス尺度値の関係を調査した。爆発 1 次成分の振幅変調度のレベルの減少にともない、アノイアンス尺度値が増加するグループと減少するグループに別れることが確認できた。アノイアンス尺度値が増加した被験者 7 名

のうち 3 名 が日常的に自動車を運転するドライバーであり、アノイアンスが減少した被験者は 3 名 中 3 名 が日常的に自動車を運転するグループであった。爆発 1 次成分の振幅変調度のレベルを変化させた場合、10 dB 減少させた刺激音が平均的に好まれることがわかった。よって、爆発 1 次成分の振幅変調度を −10 dB とすることが 1 つのエンジン音設計指標になると考えられる。

また、自動車の運転経験の違いによる刺激音に対する聴感印象の違いについて検討した。日常的に自動車を運転するグループとほとんど自動車を運転しないグループに対して、アノイアンス尺度値の得点とダイナミックレンジの大きさについて t 検定を用いて有意差検定をおこなった。その結果、アノイアンス尺度値の得点およびダイナミックレンジとも、刺激音に対する聴感印象に関しての運転経験による有意な効果が得られた（得点：$p < 0.01$、ダイナミックレンジ：$p < 0.01$）。

同様に、アノイアンス尺度値が増加するグループと減少するグループに対して、アノイアンス尺度値の得点とダイナミックレンジの大きさについては、爆発 1 次成分の振幅変調度のレベルの増加にともなうアノイアンス尺度値の大きさおよびダイナミックレンジの大きさに対して有意な変動が確認できた（得点：$p < 0.01$、ダイナミックレンジ：$p < 0.01$）。日常的に自動車を運転する者は、そうでない者と比較してエンジン音に対する感受性が高くなっている可能性がある。

以上のように、シェッフェの一対比較法（浦の変法）により、エンジン回転に関連する成分の異なるエンジン音に対する聴感印象評価をおこなった。心理実験に用いた刺激音には、実車 4 気筒直列エンジンより収録したエンジン音の周波数特性を分析し、正弦波の合成により生成したエンジンモデル音を用いた。聴感印象評価の結果、聴感印象に対するエンジン回転次数成分の変化の有意な効果を確認し、エンジン回転次数成分の条件に対しての設計指標を提案した。

以上の聴感印象評価の結果から、エンジン音に対する嗜好の違いがエンジン回転次数成分の嗜好や感受性に反映されている可能性がある。

6

物理特性と聴感印象のひもづけ

6.6　刺激音の作成ツール

以上のように聴感印象と物理特性のひもづけについて紹介してきた。物理特性と聴感印象も結び付けたい場合、音響加工ツールが必要となる。しかし、計測器メーカーから購入すると、数百万から数千万するなど、少し試してみるというわけにはいかない。そこで、比較的安価に購入できるツールを、ここでいくつか紹介してみたい。

6.6.1　フリーソフトウェア Audacity[87]

音を収録したり、加工したりするのに、広く使われているフリーソフトウェアである。Lecture.1 で紹介した WaveSpectra は収録と周波数解析が簡易にできるソフトウェアであったが、Audacity は音声収録と解析以外にも信号生成、エコーなどの効果付けも可能である。

図 6.19 に Audacity を起動した画面を示す。ここではジェネレータ機能を利用して、チャープ信号を生成している。チャープ信号をうまく合成すると疑似エンジン音の作成も可能である。信号生成ではチャープ信号以外にも正弦波、白色騒音、ピンクノイズ、ブラウンノイズまで生成可能である。エフェクトボタンを押してあげると音のピッチやテンポも編集可能である。刺激音をさ

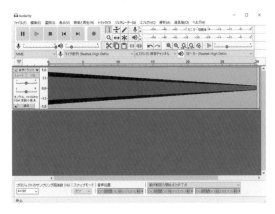

図 6.19　フリーソフトウェア Audacity のジェネレータ機能でチャープ音を生成

まざまに編集しながら聴感実験の材料を作成していくことが可能である。

6.6.2 iZotope RX7[88]

国産車の中で著者が最も好きなエンジン音をもつ RX7 は自動車であるが、それと同じ名をもつ音響信号編集ソフトウェアであり、現在（2022.3）は RX9 である。

図 6.20 にソフトウェアの操作画面を示す。このソフトウェアは人工知能を搭載し、右上の Repair Assistant というボタンを押すと、"どんな素材をきれいにしますか？ 会話、音楽、そのほか" と聞いてくる。

たとえば、"会話" を選んで、Start analysis のボタンを押すと、会話後方の背景雑音を消去しつつ、音声のクリップ部や残響がきつい部分、電源ノイズなどを自動修正し、図 6.21 のように音源をきれいにできる。この作業をマスタリングといい、一般的にはレコーディングエンジニアがおこなう。

図 6.21 ではマスタリング結果が 3 種類示され、どれがよいかをスペクトログラムだけではなく実際に聞いて判断できる。人工知能の奪う仕事として、レコーディングエンジニアがあげられてしまうかもしれない。

とはいえ、このソフトウェアはレコーディングエンジニアに教えていただいた。人工知能の機能を使うことでサウンドデザインとは異なるが、携帯電話の会話部分のみをきれいに抽出するなどの作業はとても容易にできる。エンジン

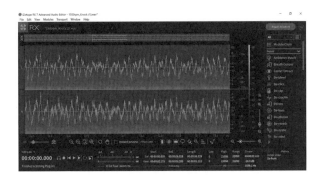

図 6.20　iZotopeRX7

物理特性と聴感印象のひもづけ

6

図 6.21　iZotopeRX7 を用いた音源マスタリング

音をデザインする場合はこの自動処理では厳しい。

　しかし、次数成分を指定し、その高調波成分とまとめて強調したり、特定の次数成分の振幅を増減したりするなど、音構造の操作が簡単にできる。エンジン音の調波構造をいじったり、背景騒音を削除したりして基本となる刺激音を作成し、さらにそれを加工することにより刺激音を作成する場合には有効なツールである。

　このソフトウェアはフリーではなく、有料で、標準版は $399 である。人工知能による自動処理機能はアドバンスド版にしかなく、$1,199 である（2022.2現在）。とはいえ、計測器メーカーの音響計測ソフトウェアと比較するとかなり安価であり、たまにセールをやっていたりすることもあるので、サイトをちょくちょくのぞいてみられてはいかがだろうか。

6.6.3　Ceremony Melodyne[89]

　Melodyne もやはりオーディオエンジニアの方に教えていただいたツールである。こちらは音程のはずれや長さを修正するソフトウェアである。

　図 6.22 は自動車加速音（いったん減速して再加速している）を Melodyneにより解析した結果を示す。加速音が音程解析されている様子がわかる。エネルギーの塊をドラッグすることにより上下に動かすことができる。つまり音程

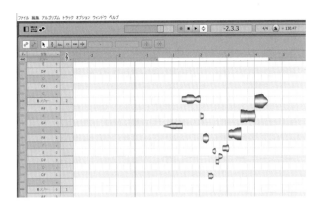

図 6.22　Melodyne による加速音解析および編集

を変えることができる。加速感の変動を刺激音とする場合は有効なツールといえる。

　これもフリーソフトウェアではないが、エンジン音などを対象とするような音程の編集であれば最も安価な essential で十分であり、$99 である。視覚的に操作もしやすく、安価で刺激音を作りやすいツールといえる。

　以上のように刺激音を作るのに非常に安価で便利なソフトウェアを紹介した。もともとはレコーディングエンジニアの方から紹介されて使用し、その便利さと安価なことに驚いたわけである。

　そのレコーディングエンジニアは浜田純伸氏で、この方は「**風の谷のナウシカ**」からほぼすべての宮崎駿作品に関わった日本を代表するレコーディングエンジニアである。浜田氏に書面を借りて深謝する。

6

物理特性と聴感印象のひもづけ

131

Lecture.7　生理心理情報のひもづけ

　　大きな／小さな、高い／低い、心地よい／不快な音を聞くと、その心理状態が交感神経／副交感神経のバランスとして現れ、心拍、呼吸、脳波からも観測できる。つまり、心理状態の客観的観察にも繋がる。

　　確かに心理状態をアンケート用紙や問答を介してとらえるよりもより直接的でもあり、被験者は鉛筆をもち、面倒な質問に答えなくてもいいといった負荷の軽減に繋がる。とはいえその代わりにさまざまなセンサを体表に貼り付けられるわけであるが、これらは最終的にはリストバンドやドライブシートを介した情報収集に代えることができ、モニタリングの基礎的な解析としては重要である。

　　ここでは Lecture.6 で述べた物理特性と聴感印象に、さらにヒトの生理心理反応を結びつけた解析について紹介してみたい。

7.1　心拍とワクワク感

　"ワクワクする"や"ドキドキする"といったときに、どこが"ドキドキする"するのかといえば、胸、つまり心臓である。心臓の動きは**自律神経系** [2], [90] の影響を受けている。それは多くの体機能に関わりをもち、精神状態や外的要因により変動する。それらによって生じる変動は心拍の場合、**心拍変動（Heart Rate Variability：HRV）**として現れる。まず、この **HRV 解析**の基となる自律神経系と心臓の関係について説明する。つぎに、心臓活動を計測する方法から HRV 解析の解析方法について述べる。心臓活動の波形データを利用し、自律神経系の指標として利用するまでの一連の流れを説明する。

7.1.1　心拍と自律神経

　心臓の活動はさまざまな要因によって制御・調節されている。その中でも代表的なものに**自律神経系**がある。神経系は、脳と脊髄からなる中枢神経系と末梢神経系の 2 つの部分にわけられる。末梢神経系は、さらに、脳から筋肉へ命令を伝える体性神経系と、脳から心臓、肺、胃、副腎などの内臓器官へ命令を伝える自立神経系にわけられる。また、末梢神経系は、感覚器官、筋肉、臓器、腺から中枢神経系へと情報をフィードバックする性質がある。

　自律神経には**交感神経系**と**副交感神経系**の 2 系統が含まれている。自律神経の主な役割は体内を最適な状態に保つことである。たとえば、ヒトが体温を一定に保つことができるのも自律神経のおかげである。交感神経系は体内に広く分布しており、平静時の内臓機能を調節し、その制御下にあるさまざまな器官を興奮させる働きをする。

　交感神経系は「全体として反応」するので、「交感神経により刺激された組織は、すべてあるいは大部分が同時に影響を受ける」という[90]。よって、恐怖などのストレスや不快な音などを受けた場合には交感神経系が亢進し、同時に器官に影響を及ぼす。

　一方、副交感神経系は交感神経系とは対照的に、対象となる器官に個別に影響を及ぼす。つまり交感神経により同時に刺激された器官に対し、調整あるいは抑制的な作用を個別に及ぼすと考えられている。リラックスしている状態や眠っているときなどには副交感神経が亢進し、それぞれの器官に影響を及ぼす。ただし、厳密には 2 つの神経系が必ず正反対の作用を及ぼすわけではない。これらの対象は心臓も例外ではなく、その役割は主に心拍発生間隔の調節をおこなっている。その結果、交感神経系の刺激は心拍数を上昇させ、副交感神経系の刺激は心拍数を減少させる。

　さて、心拍はすべての影響を自律神経により受けるわけではない。心拍は呼吸数にも依存して変動する。典型的な例では吸気時に心周期の長さは短くなり、呼気時には長くなる。吸気時には交感神経活動が増加し、呼気時には副交感神経活動が増加する。しかし、拍動に対する影響は副交感神経系が優位なため、呼吸による心拍リズムの変動の要因は副交感神経活動に影響されるといえ

る。これらの変動は HRV 解析に影響を及ぼす。そのため、測定時にはこれらの影響が小さくなるように注意して計画を立てる必要がある。

7.1.2 心音の測定

ここでは、**心音**を用いた解析について説明する。**心音図**は聴診器などを用いて測定した時間波形である。波形ピークを基に 1 音から 4 音までの成分で構成されている。各成分は心臓弁の音を表しており、弁の動きに合わせて発生する。心臓弁は 4 心房にある三尖弁と僧帽弁、心室にある肺動脈弁と大動脈弁の 4 種類があり、以下の通りである。

1 音：僧帽弁と三尖弁の閉鎖音・肺動脈弁と大動脈弁の開放音。
2 音：大動脈弁と肺動脈弁の閉鎖音・三尖弁と僧帽弁の開放音。
3 音：心室充満音。心房より心室へ多量に血液が流入する音。
4 音：心房収縮によって発生する音。

3、4 音に関しては振幅も小さく、若年者や心臓疾患がある場合に聴かれることが多く、通常の観測では測定することが難しい[91]。心電図と心音図の大きな違いは測定方法にある。健康診断でもなじみのある心電図では体表面上に複数の電極を直接装着し、心臓の電位変化を記録する。電位変化を記録するため、特殊な心筋の働きも詳細に観察できる。しかし、目的に応じて電極の位置を変更する必要があり、専門知識があるものでなければ扱うことが難しい。また、汗や汚れなどが付着すると、ノイズとなり測定に影響が生じる。一方、心音図はマイクや電子聴診器を用いて一箇所で測定する。さらに、測定部位の調整が簡単で、測定装置も安価である。体表面上の汚れや汗の影響は受けにくく、測定箇所の少なさから被験者への負担も小さい。よってここでは、測定の簡便さや指標としての扱いやすさから心音図を用いて解析をおこなう。

7.1.3 HRV 解析

HRV 解析の一般的な流れを **図 7.1** に示す。HRV 解析は心臓の拍動間隔が自律神経系によって変動することから、さまざまな負荷や印象などを定量化す

図 7.1 HRV 解析の流れ

るために用いられる[2]。**自律神経系の変動**は、前節でも説明した通り、負荷やストレスなどがかかった場合には交感神経系が刺激され心拍数が上昇し、リラックスしている場合には副交感神経系が刺激され心拍数が低下する。

これらの影響を心臓活動データから抽出することが目的である。多くの場合、定常状態いわゆる負荷や刺激を提示していない状態とそれらを提示している負荷状態の心臓活動データを測定し、解析結果を比較して評価する。

HRV の解析では、心臓活動データを測定しノイズを処理した後に、それらの成分1つ（1音など）に着目して拍動発生間隔を算出する。拍動発生間隔を算出した後に、縦軸を拍動発生間隔、横軸を経過時間とした心拍の**トレンドグラム**を作成する。このトレンドグラムは拍動発生間隔の関係から、解析に不都合のある非等時間間隔データである。

そこで、トレンドグラムを等時間間隔データにするためにスプライン補間などを用いて補間する。等時間間隔のトレンドグラムに対して、人体の信号周期（1 Hz などの低い周波数）に近い周波数で再サンプリングを施した後に周波数解析をおこなう。

心周期のゆらぎの中で、0.04〜0.15 Hz 近傍にピークを有する成分を低周波成分（Low Frequency 成分：LF 成分）、0.15〜0.45 Hz 近傍にピークを有する成分を高周波成分（High Frequency 成分：HF 成分）と定義する[92]。

HF 成分には副交感神経系活動の影響が現れ、LF 成分には交感神経系と副交感神経系の両方の活動が影響するといわれている。副交感神経系の指標として HF 成分の面積、交感神経系の指標として LF/HF 比 を計算して使われることが多い。

しかし、あくまで相対的な交感神経系の指標であり、LF/HF 比 の増加は必ずしも交感神経系の活動が活性化したことを意味するものではない。副交感神

経系の活動性低下によって、相対的に LF/HF 比 が低下することもあり、その解釈には注意が必要である。また、データを判定する上で、不整脈の有無、加齢、体位などの影響も考慮する必要がある。

さて、心音波形から心拍間隔を算出するには、心音の 1 音と 2 音の抽出が必要である。しかし、測定環境によっては周囲の音や被験者の体動音のようなノイズが混入することがある。心音波形にノイズが混入した場合、生波形から 1 音と 2 音を抽出することは困難となる。そこで、ここでは**ウェーブレット変換**を用いたノイズ除去手法を適用した[93]。

まず、心音波形をウェーブレット解析し、パワー変換した波形のエンベロープに変換する。ウェーブレット解析の時点で、心音を形成するウェーブレット成分以外をすべて無視することでノイズに頑健となり、さらにパワー変換することで波形を単純化する。この結果からすべての 1 音ピークを抽出し、連続する心拍の 1 音間隔を求め、トレンドグラムが作成できる。

7.1.4 エンジン音への適用

ドライビングシミュレータを用いた 5 種類のエンジン音の聴感実験と生理指標の計測実験をおこなった。表 7.1 に示すようにエンジン次数成分を変化させている。被験者は 20 代 の男性とした。実験前に過去に心臓病と診断された経験がなく健康状態に問題のないことを確認し、被験者を選別した。その結果、被験者の人数は 10 名 となった。各被験者には実験の趣旨を説明し、心音収録の協力と同意を得た。

表 7.1 使用したエンジン音の条件

変化させた次数成分	変化させた音圧
元のエンジン音	$\pm 0\,dB$
1 次成分	$+20\,dB$
1、2 次成分	$+20\,dB$
1 次成分	$-20\,dB$
1、2 次成分	$-20\,dB$

　まず、前章でもみたように 5 種類のエンジン音を聴取したときの印象を **SD法（7件法）**によって評価した。因子分析の結果を **表 7.2** に示す。因子分析よりワクワク因子、明るさ因子とレスポンス因子の 3 つが得られた。さらにそれぞれの因子得点の散布図を **図 7.2** に示す。次数成分の音圧が大きくなるにつれてワクワク因子の因子得点が増加する傾向がみられた。一方で、音圧が小さくなるにつれて明るさ因子の因子得点が増加する傾向がみられた。レスポンス因子については次数成分の変化との対応はみられなかった。このように低周波数が強調されているエンジン音の方が**ワクワク感**を感じる傾向になった。

　つぎに、被験者に安静状態を 5 分間維持してもらい、ドライビングシミュレータを約 6 分間操作してもらった。これを 1 セットとして刺激音を変えて 5 セットおこなった。この刺激音は聴感印象実験で用いた 5 種類である。このときの心音を測定し、HRV 解析をおこなった。HRV 解析の結果を **図 7.3** に示す。安静時とドライビングシミュレータ操作時との LF/HF 成分の変化率を刺激音ごとに示している。よって、変化率が 0 % は安静時と同じ状態を意味

表 7.2　因子分析から得られた 3 因子

因子	形容詞対
ワクワク	ワクワクする－ワクワクしない
	満足な－不満な
	高価な－安価な
	スポーティ感のある－スポーティ感のない
	伸びのある－伸びのない
明るさ	明るい－暗い
	高い－低い
	都会的な－野性的な
	ポジティブな－ネガティブな
	やわらかい－硬い
レスポンス	反応のよい－反応の悪い
	立ち上がりのよい－立ち上がりの悪い

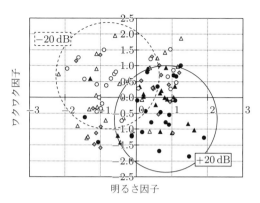

●：1次2次成分 +20 dB　　△：1次成分 −20 dB
▲：1次成分 +20 dB　　　　○：1次2次成分 −20 dB
◇：原音

図 7.2　ワクワク因子−明るさ因子散布図

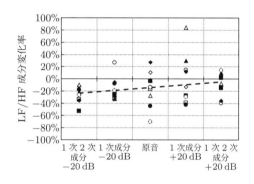

図 7.3　刺激前から刺激後 LF/HF 成分変化率

している。図よりそれぞれの平均値はいずれも 0 % を下回っているため操作中の LF/HF 成分は安静時に比べて低くなることがわかる。また、次数成分の音圧が増加するにつれて変化率が 0 % に近づいていることが確認できる。次数成分の音圧の変化が自律神経系に影響を及ぼしている。また、ワクワク感を感じているときの LF/HF 成分は安静状態の LF/HF 成分とほとんど変わらない傾向にある。

　この結果はある意味興味深い。運転の**フィードバック**に音が存在すること

7

生理心理情報のひもづけ

139

で、興奮状態に至らずより落ち着きを感じるともいえる。ドライバーの加速感は音によるフィードバックがある方が落ち着き、近年、電気自動車などでもわざわざ加速時には音を付加するのもここに理由がある。そして次数成分が強調されるにつれ、若干ではあるが、生理状態の変化も観測でき、因子分析で得られたワクワク感をそこから客観的にみることができる。

7.2 呼吸と集中度

つぎに、生理指標の中で**呼吸**を用いた評価について紹介する。呼吸の計測は、容易かつ被験者への負担が少ない計測が可能な生理指標である。呼吸計測を用いることにより、集中時と安静時とのそれぞれの呼吸への影響を調査するとともに、異なるフィードバック音によって生じた心理状態を呼吸から認識し、音の評価に適用することをもできる [94], [95]。それらの取り組みについて紹介する。

7.2.1 呼吸の計測

呼吸指標にはさまざまなものが存在し、呼吸波形から得られる指標、呼吸流量から得られる指標に大別される。呼吸波形からは、図 7.4 に示すように振幅（吸気振幅・呼気振幅）、呼吸数、呼吸時間（吸気時間・呼気時間）、ポーズ時間、Timing、Driving といったものが挙げられる。なお Timing、Driving は以下の 式 (7.1)、式 (7.2) で算出される。

$$\text{Timing} = \frac{TI}{T} \tag{7.1}$$

$$\text{Driving} = \frac{VI}{TI} \tag{7.2}$$

なお、ここで T は呼吸時間 [秒]、TI は吸気時間 [秒]、VI は吸気振幅を示している [96]。さらに吸気の変曲点位置や各呼吸の周期性についても扱われている。また呼吸流量からは、主に換気量が正確に計測できる。呼吸の計測は、これまでにもさまざまな方法で実施されている。代表的な例とその特徴を以下に

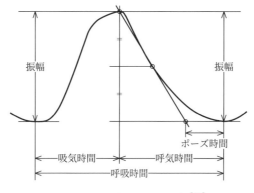

図 7.4 呼吸波形と呼吸測度 [97]

述べる [97]。

① マスクやマウスピースの装着による
呼吸流量の積分を用いた計測

- 換気量の正確な計測が可能である。
- 1 回の呼吸における酸素消費量と炭酸ガス排出量の変化に着目した呼気ガス分析をおこなうことで、自律神経の状態推定が可能とある。
- 装着器具によるストレスの影響がある。

② 体幹周囲長の変化の計測

- 比較的容易に呼吸波形の計測、換気量の推定が可能である。
- 体幹部（胸部や腹部）の周囲変化を計測し、伸縮による電気抵抗地の変化を利用するセンサや、空気圧変化を利用するひずみゲージ式圧力センサ、直流成分から測定できる呼吸センサといったものが使用される。

7

生理心理情報のひもづけ

③ 鼻腔に装着したサーミスタなどを用いた 呼吸による温度変化の計測

- 比較的に容易な波形計測・換気量推定の方法である。
- 温度変化と換気量の相関性については十分に検討されていないため、指標値ではなく呼吸のリズムを確認する目安にするべきとされている。

呼吸計測をおこなう際は、計測する目的、実験環境、計測環境、被験者への影響といった条件を考慮した上で、各方法を適切に選択、使用する必要がある。

7.2.2　呼吸指標と集中度の関連性

ヒトの**集中度**もしくはそれに類する覚醒度、活性度を呼吸から推定、評価する研究は長年おこなわれており、以下のように非常に多くの検討が成されている。

山越ら[98]はドライバーの活性度の定量評価において、胸部（腹部）に装着する呼吸ピックアップセンサを用いている。ドライビングシミュレータの単調運転時における活性水準の低下にともない、呼吸数上昇の頻度、深呼吸の頻度が上昇することを報告している。

鈴木ら[99]は、脳波のアルファ波の計測と同時に胸部に装着する呼吸バンドを採用し、眠気や居眠りといった覚醒度の変化を検討している。結果として、覚醒度の低下時に Timing、Driving、分時換気量の明確な変化が現れない一方で、吸気曲線の変曲点位置の増加がみられたことを示している。

また濱谷ら[100]は、性質が異なる集中行動において呼吸数への影響を確認し、特に精神的負担が大きく集中を要する実験タスクでは呼吸数の増大がみられることを報告している。

さらに集中を必要とする状況では交感神経が亢進[101]し、交感神経の亢進時には呼吸数が増加する[102]とされている。したがって、集中時に呼吸数が増大することが予想される。これら以外にも、リラックス時に深くゆっくりした呼吸から集中時に呼吸停止が発生する性質[100]や、注意集中時に呼吸数、振幅の抑制の変化がみられる[97]といったことが知られている。

7.2.3 呼吸指標と心理状態の関連性

心理状態と呼吸の関連性についてもさまざまに議論されており、これも多くの事例があるので端的にまとめておく。**ストレス評価**の研究では、Timing、Driving の指標を採用している例が多い。Timing は吸気ニューロンの発火と休止の周期性を示す非常に安定した指標で、極めて強いストレスに反応する。また Driving は吸気ニューロンの発火強度を示し、ストレスに対して増加を示すとされている[97]。

黒原ら[103]はマスク装着による呼吸流量計を用いて、虚偽検出とストレス事態における呼吸系変容の比較を調査している。結果として、ストレス課題において Driving、分時換気量が有意に増加し、Timing は一定ではないものの減少傾向にあることを示している。

須澤ら[104]は、車載情報機器（カーナビ）操作によってドライバーに生じる精神的負担の評価において、呼吸指標の変化を検討している。胸部と腹部に装着した呼吸ピックアップにより計測を実施し、ナビ操作課題の精神的負担の違いにより、呼吸数、Timing、呼吸不安定性が増加している点からそれらの有用性を示唆している。

また寺井[105]により、情動の評価にはマスク装着による呼気ガスの計測が必要であり、情動反応の有無の確認のみならば分時換気量の計測で可能であることが述べられている。

さらに中村[106]は音楽の聴取時における情動と呼吸の関係について、呼吸数・呼吸増加率 と "静かな"・"ゆううつな"・"暗い" 曲に負の相関、"楽しい"・"陽気な"・"力強い" に正の相関が有意であったことを報告している。

このように、Timing、Driving、またそれ以外の指標についてもストレスや心理状態が反映されているといわれている。Driving や分時換気量が増加するという一定の知見が得られている一方で、Timing については増加、減少どちらの報告も存在しており、こちらは定かではない。

7

生理心理情報のひもづけ

7.2.4　呼吸指標を用いた音の評価

　以上、先行研究から、計測方法としてマスク装着による呼吸流量の測定と胸部の周囲長変化の計測がおこなわれている事例が多い。ストレスの性質（ポジティブかネガティブか）の違いを推定するにはマスク装着が必要である。しかし自動車走行時のドライバーを被験者とするような場合には、実際のドライバーの運転環境との間にかなりの差異が生じてしまう。加えて器具による被験者への負担の増大から、適切な心理状態の評価がおこなえない可能性もある。

　したがって、胸部変動の計測をおこない、それによって得られる呼吸波形を解析することとした。とはいえ、結果的に、胸部変動の実験では自動車加速音における次数成分制御の違いは有意な差として検出されなかった[95]。自動車エンジン音のわずかな違いが及ぼす運転状態の心理を呼吸から探るにはやはり呼吸流量の測定が必要といえる。

　また、呼吸波形から得られる情報のうち、集中度と心理状態（ストレス増加）の推定における指標として多く採用されているのは振幅、呼吸数、Timing、Driving である。なお、呼吸波形から計測される分時換気量は推定値である。4 つの呼吸指標について、紹介した先行研究における代表的な変化の例を表7.3 に示す（↗：増加・促進、↘：減少・抑制）。

　サウンドデザインからは離れるが、事前検討として、レーシングゲーム "マリオカート"[107] で集中度と呼吸の関係を調査した[95] ところ、7 名 のすべての被験者においてゲーム操作時に振幅の減少、呼吸時間に減少傾向が有意にみられた。想定通り、ゲーム操作のタスクにより被験者が集中状態となり、その影響が呼吸状態へ現れたのである。ゲームに熱中し、フロー状態にあったとい

表 7.3　呼吸指標の変化

呼吸指標	集中	ストレス増加
振幅	↘	—
呼吸時間	↗、↘	↗
Timing	—	↗、↘
Driving	—	↗

える。

　また、集中状態が被験者の精神的負担や情動の誘発に繋がる可能性もあるため、Timing や Driving についても同様に解析をおこなった。一部の被験者において有意差が得られたものの、一定の傾向を示す結果はみられなかった。この結果から、運転時においても、ドライバーの呼吸状態の「振幅・呼吸時間の減少」により、集中度を推定できる可能性もある。

　最後に、異なる刺激音を与えたときの呼吸解析について紹介する。呼吸解析からのサウンドデザイン評価の可能性を探るためである。刺激音として、表7.4 に示す 3 種類を用いた。心理状態については、刺激音の性質により想定されるものを記している。なお、刺激音 A、C については、"人間工学の基礎"[2]で取り上げた心拍変動解析と印象評価の間の傾向との一致が認められている（すずめ蜂の羽音はクラシック音楽と比較して不快度が高い）。

　ここでは呼吸状態への影響の確認、およびストレスや不快感との関連性を調査するため、その 2 音に刺激音 C（明るくテンポの速い曲）を加えた。また実験は以下の手順で実施した。刺激音の順番はランダムに選択され、被験者ごとに異なる。

- 5 分間、座位の安静・閉眼状態をおこなう。
- 座位・閉眼状態で、1 分間の無音状態、3 分間の刺激音提示、1 分間無音状態の順番で計 5 分を実施する。
- 適度に休息をとった後、提示していない残りの刺激音 2 つについても同様に繰り返す。

表 7.4　提示する刺激音

名称	刺激音	心理状態
刺激音 A	クラシック音楽 （ピアノ三重奏曲 No.4「ドゥムキー」から：ドボルザーク）	リラックス 快
刺激音 B	ハウスミュージック （Aftermath, TOWA TEI）	ストレス 高揚感
刺激音 C	すずめ蜂の羽音 （Hornissen）	ストレス 不快

生理心理情報のひもづけ

7

　刺激提示中において、一部で有意差が得られたものの、どの指標にも特定の傾向はみられなかった。

　刺激提示後の無音区間において、刺激音 A ＜ B ＜ C の順番に、振幅、Driving の平均値が増加傾向となった。このうち、刺激音 A と B、刺激音 A と C の比較では振幅に有意差（$p < 0.05$）が得られた。

　そこで提示状態から無音状態への変化率を算出すると、提示後の無音状態と同様に刺激音 A ＜ B ＜ C の順番に、振幅、Driving の平均値の変化率が増加傾向となった。また刺激音 A と B の比較では振幅に、刺激音 A と C の比較では振幅と Driving に有意差（$p < 0.05$）が得られた。

　各刺激音について、振幅の平均値の変化率のグラフを 図 7.5、Driving の平均値の変化率のグラフを 図 7.6 に示す。各刺激音について、本実験では A をリラックスや快感、B をストレスや高揚感、C をストレスや不快感、を感じると予想していた。Driving はストレス反応時に増加する性質をもつことから、C が最もストレスを与え、逆に A はストレスを与えずリラックスした状態になった。

　また、Driving だけでなく振幅の変化率にも有意差が得られた点から、指標としてレーシングゲームの実験のような集中度の推定だけでなく、精神的負担の差の推定においても使用できる可能性が示唆された。

　さて、以上のように、心拍や呼吸による生理指標からの評価について紹介し

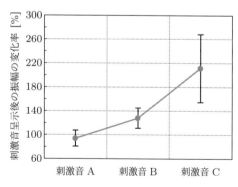

図 7.5　振幅の変化率の平均値

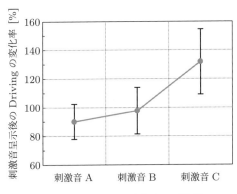

図 7.6　Driving の変化率の平均値

た。これらは装置も小さく安価であるので、より実際の適用環境に近い状態での評価も可能である。そのためにはサウンドの印象と生理指標の結びつきをより明快にとらえておくことが必要であるといえる。次章ではこれらを振り返るとともに、デジタル技術を用いた音質制御手法について述べることにする。

7

生理心理情報のひもづけ

Lecture.8 音質制御でサウンドデザイン

　さて、サウンドデザインの評価についてこれまで述べてきたが、高い評価を得ることができるサウンドデザインを具体的に実現するには吸音材や部品の共振周波数を考慮した受動的（パッシブ）な方法とデジタル的に音を制御する能動的（アクティブ）な方法がある。Lecture.5 にて吸音材によるサウンドデザインとその評価について紹介したが、ここでは能動的に制御する方法について述べる。

8.1　適応制御への道

　受動的な方法とは壁や吸音材などを用いて波長が短い高周波の音を制御することである。聴覚の紹介で述べたようにヒトは低周波よりも 1 ～ 4 kHz の音の方が耳につきやすい。よって、同じ 10 dB 低減できるのであれば高周波数を制御した方が有利といえる。しかし、騒音の多くは低い周波数に高いエネルギー成分をもっている。この低い周波数の音は回折が起きると同時に吸音も難しい。そこで、スピーカーなどのアクチュエータを用いた**能動制御**により音を低減させるのである。この方法は波長が長い低周波数成分の制御に有効である。ではどうやって能動的に制御するのだろうか。

　図 8.1 は 1936 年の P. Lueg による特許である [108]。「消音は波の重ね合わせによっておこなわれるので、音源の位相情報をうまく使って、重ね合わせを純粋に機械的な方法でおこなう」というものである。図中の Fig.1 ではマイク M にて音の振幅情報をセンシングし、増幅器 V を通して、ちょうど逆相になる位置に設置した L のアクチュエータで消音する。ダクトではよくゴーという低い騒音が観測されるが、この低い周波数の主成分を制御するには有効であろう。Fig.2 はオープンスペースに配置された場合で、マイク M とアクチュエータ L は音源 A から同じ距離に配置されており、L の周囲で消音するというものである。図 8.1 中の Fig.3 は正弦波でない音に対する考察のために書か

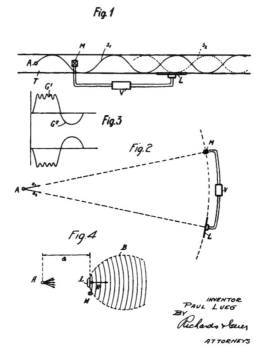

図 8.1　P. Lueg による能動制御の特許[108]

れている。Fig.4 は点 A から出てきた音は点 A から距離 a の位置にあるマイク M に到達し、マイク M はこのノイズを Fig.3 のように逆の波が発生するように電気的にスピーカに伝達する。それにより空間 B 内を制御しようとするものである。特許の記録ではナチス政権が誕生した月にドイツで特許手続きがはじまっている。余談ではあるが、ドイツは当時から音響技術に関してはかなり進んでおり、人気コミック「**ゴルゴ 13**」ではナチス政権下でのバイノーラル録音から狙撃位置を同定するというエピソード[109]まであったりする。

　さて、この特許はアクチュエータを置く距離により位相調整しているわけであるが、これでは周波数が変わるたびにアクチュエータを移動させなければいけない。ではどうすればいいか。適応的に周波数と位相と振幅を変化させればよい。

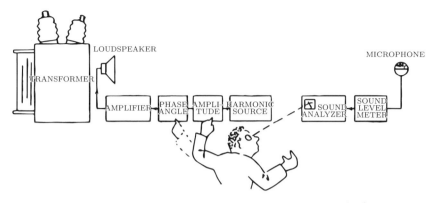

図 8.2　W. Conover の大型変圧器の騒音低減の取り組み[110]

　そこで 図 8.2 の W. Conover の大型変圧器の騒音低減の取り組み[110] を紹介する。このような大型変圧器の騒音は自動車のエンジン音のように次数成分で発生する。よって、消音したい音と相関のある「基準」信号を生成するにはマイクロホンを用いて波形を検出する必要はなく、発信器で合成波を再生すればよい。この手動フィードフォワード制御システムは変圧器から特定の方向の隣接する家に向けての騒音低減を目的として構築され、風や温度の影響を補正するために定期的に再調整しなければならなかった。Conover は論文の中でこの問題への自動制御システムの応用の可能性について述べるともに、現在の多入力多出力系に繋がる複数の 2 次音源と複数のモニタリングマイク使用の可能性についても論じている。

8.2　デジタルフィルタと適応制御

　さて、Conover が予言した自動制御システムは**デジタルフィルタ**により実現している。ここはまずデジタルフィルタについてみてみよう。デジタルフィルタには FIR（有限長インパルス応答、Finite Impulse Response）フィルタと IIR（無限長インパルス応答、Infinite Impulse Response）フィルタがある。**インパルス応答**とはインパルス入力（瞬間的／衝撃的な入力）に対する応答であり、これをフーリエ変換（FFT）することによって周波数応答に変換でき

る。時間領域ではたたみ込み演算によって、任意の入力信号に対する応答を計算できる。コンサートホールではよく手を叩いているおじさんたちがいる。手を叩くときに出る音は瞬間的なインパルス音に近い音である。ということは、ホールから跳ね返ってくる残響がついた音がインパルス応答と考えることができる。つまりそのホールの周波数応答である。

　では、ステージで手を叩いたときの音を客席で収録し、デジタル化してみる。するとそれがそのホールの特徴を表す FIR フィルタのフィルタ係数となる。この概念を 図 8.3 に示す。この図で w は係数、Z^{-1} は遅延で 1 サンプル前のデータを示す。IIR フィルタはこれらが出力側にもついて帰還してくる形式のもので、最初の入力が帰還により最後まで無限に引き継がれていくので無限長とよばれるのである。とはいえ、係数は有限である。また、FIR フィルタでホールの応答を係数としたら、入力にマイクでカラオケ音声を入れてあげるとホールでの独演会に音を加工できる。

　さて、この FIR フィルタの係数を自動的に変化させるのが適応フィルタである。その仕組みは**最急降下法**である。何を急いで降下するのかということで

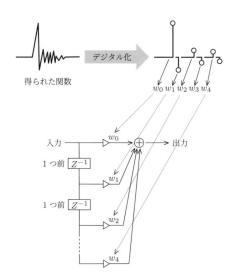

図 8.3　FIR フィルタの係数

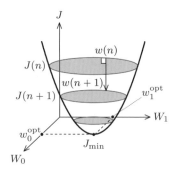

図 8.4　誤差曲面と最適解

あるが、たとえば、係数が 2 つの場合の最適解が壺の底にある図 8.4 のような誤差曲面から考える。最も早く最適解に近づこうとすると勾配が急な方向に下っていくのがよい。J はコスト関数とよばれるものでこれを最小化するのが最急降下法のミッションである。これにしたがって FIR フィルタの係数 w をどんどん更新していく[111]。

$$w(n+1) = w(n) - \mu \,局所勾配 \tag{8.1}$$

ここで μ は収束係数とよばれ、壺の底に降りていくときの一歩一歩の歩幅と考えればよい。μ を大きくすれば早くたどり着くということだ。局所勾配は以下のように表すことができる。

$$局所勾配 = \frac{\partial(\,コスト関数\,)}{\partial w} \tag{8.2}$$

コスト関数とはどのようなものだろうか。これは最小にしたいものと考えればよい。前節では騒音を下げる例が多かった。そこで騒音を下げる場合で考えてみよう。

図 8.5 は適応制御のブロックモデルである。$x(n)$ は入力信号、$w_i(n)$ は FIR 適応フィルタ係数、$y(n)$ はフィルタ出力、$d(n)$ は消音前の音、$e(n)$ は制御後の音である。制御をおこなうと $e(n)$ は以下のように表現できる。

$$e(n) = d(n) + y(n) \tag{8.3}$$

ここで $y(n)$ はフィルタ出力であり、入力 $x(n)$ に $w(n)$ をたたみ込んだものである。

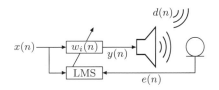

図 8.5 適応制御のブロックモデル

$$y(n) = \sum_{i=0}^{I-1} w_i(n)x(n-i) \tag{8.4}$$

I はフィルタ係数の数、i は個々のフィルタ係数を示す。さらに、式 (8.4) を式 (8.3) に代入すると、式 (8.5) のようになる。

$$e(n) = d(n) + \sum_{i=0}^{I-1} w_i(n)x(n-i) \tag{8.5}$$

さて、騒音を下げるということであればコスト関数は制御後の音である $e(n)$ とするのがよい。式 (8.5) を下げるにはまずマイナスにするとよいと思われるかもしれないが、その場合は逆相の音であり、音は大きくなるだけである。

よって、絶対値を下げることになる。一番小さい値はゼロである。ところが、$e(n)$ がゼロになる組み合わせは無限に存在する。そのことから $e^2(n)$ を最小化することにしたのである。図 8.4 の壺のような形、つまり、下に凸の 2 次曲面はコスト関数を 2 乗にしたものである。このようにすると最適値が唯一存在するようになる。ここで、コスト関数を以下のように定義する。

$$J = E[e^2(n)] \tag{8.6}$$

すると、局所勾配は以下のように計算できる。

$$\begin{aligned}\nabla J(n) &= \frac{\partial J}{\partial w_i} \\ &= 2E\left[e(n)\frac{\partial e(n)}{\partial w_i}\right]\end{aligned} \tag{8.7}$$

式 (8.7) を用いれば、式 (8.1) は以下のような非常に簡単な式にできる。

$$\begin{aligned}W_i(n+1) &= W_i(n) - \mu\nabla J(n) \\ &= W_i(n) - 2\mu E[e(n)x(n-i)]\end{aligned} \tag{8.8}$$

期待値をとり簡略化することで以下の式を **LMS アルゴリズム**とする。

$$W_i(n+1) = W_i(n) - 2\mu e(n)x(n-i) \tag{8.9}$$

これで非常に簡単なアルゴリズムの完成である。入力信号とマイク信号を直接かけ算することでつぎの係数が決定でき、収束係数 μ でその消音スピードを制御する。しかし、いくら速い方がよいといって収束係数を大きくしすぎると、自動車のようにコースアウトして発散し、制御スピーカから大音量の発信音が出るため注意が必要である。このための、安全措置を施したアルゴリズムも多くあるが、ここではこの基礎アルゴリズムをベースに少し応用例を紹介する。

8.3 アクティブノイズコントロール

前節で述べた非常に簡単な LMS アルゴリズムを用いることでさまざまな消音が可能である。しかし、このアルゴリズムは高い周波数に対してはあまり有効ではない。それは動作しないということではなく、波長の問題である。エラーマイク周辺でしか消音ができないため、空間で制御するには低い周波数が有効である。だいたい 400 Hz 以下程度が適当であろう。ただし、マイクを複数用いる方法で消音空間は広げることができる[111]。また、LMS アルゴリズムそのものを適用してもうまく動作しない。スピーカからマイクまでの伝達関数を考慮する必要がある。その伝達関数を計測し、図 8.5 の LMS 入力前の入力信号にたたみ込んでおく必要がある。

この場合、フィルタリングされた入力信号 $x(n)$ を用いるので、**Filtered–x LMS アルゴリズム**[111] とよばれる。入力信号 $x(n)$ は参照信号ともよばれるので、**Filtered reference LMS アルゴリズム**ともいう[111]。

アクティブノイズコントロールは低い周波数が得意であると述べたが、近年の FPGA や DSP の高速化により制御対象となる周波数帯域自体は向上してきている[112]。ただし、消音効果はエラーマイク周辺であるため、多チャンネル化などにより消音領域を広げるなどの工夫が必要である。

図 8.6 は 226 t の練習船内食堂を対象に Filtered–x LMS アルゴリズムで制御した結果で、A フィルタで重み付けしている[113]。低周波域では 20 dB 程度の低減効果がみられるが、200 Hz 以上ではほとんど低減しなかった。船内騒音の特徴としてはエンジン回転数が低いため、エンジン騒音のピークも非常に低周波に位置する。船舶騒音においては、現在、1600 t 以上の船舶に対して

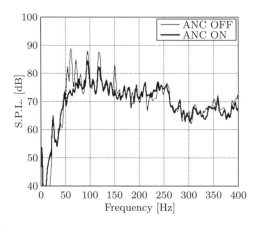

図 8.6　練習船内におけるアクティブノイズコントロールの結果（A フィルタ）[113]

騒音規制 [114] が強化されており、たとえば食堂でいえば 65 dBA の規制があ
るが、10 000 t 以上の船舶に対しては 60 dBA の規制である。A フィルタ入り
のオーバーオール値での規制値であるため、1 ～ 4 kHz 付近の低減が最も数値
に反映できる。この帯域は吸音材や防振材などの受動的騒音対策が得意な帯域
である。現状では船舶の労働環境向上のために、各メーカが固体伝播音に着目
したさまざまな騒音対策を講じている。

　さて、このほかの適用例としては航空機、ヘリコプタ、自動車への適用があ
る。自動車では 1991 年のブルーバード [115] にこの技術が搭載された。が、
効果が今ひとつわからないということからか、それ以降搭載には間をおくこと
になる。最も多くの ANC（Active Noise Control、アクティブノイズコント
ロール）実用化に成功したのはホンダであろう。燃費を下げるために定常走行
ではエンジンの気筒を半分休止させる。すると振動と音響モードが変わるの
で、適応制御で騒音振動低減をおこなっている [116]。この技術は多くの車種
に搭載された。

8.4 アクティブノイズコントロールでサウンドデザインは可能か

音に対しての快適さ、不快感というのはあくまでも人が主観的に判断するものであり、計測器で測定した低減量からそれを予測していいものだろうか。ここでは騒音制御と快適感の関係についての基礎実験からみていくことにする。

8.4.1 ピンクノイズの場合 [116]

まず、**ピンクノイズ**を基準音として使用した場合について述べる。ピンクノイズは一般的な騒音と類似のスペクトルを保有する定常音でもある。実際の車内音を考慮し A 特性音圧レベルが 70 dBA となるように、振幅を調整した。基準音に対して、以下のいずれかの処理を施し、刺激音を作成した。

- 周波数特性を維持したまま、基準音のレベルを 10 または 20 dB 低減
- 0 から 200, 400 または 800 Hz までの帯域を 10 または 20 dB 低減

なお、ダミーヘッドを用いて刺激音の音圧校正をおこなった。聴覚健常者10 名（男性 5 名、女性 5 名、21 〜 24 歳）を被験者とした。聴感印象評価はシェッフェの**一対比較法**（浦の変法）により、不快感および不快度についての判断を求めた。実験の回答は教示のもと、紙を用いて回答させた。無響室内において、9 種類の刺激音のうちの 2 つが 500 ms の間隔をもって提示される。被験者には提示される刺激対に対し、より不快に感じる刺激音、およびその不快度について判断するよう教示した。**主観的アノイアンス**（不快感）計測の結果、刺激音に対する被験者の聴感印象を表すアノイアンス尺度値を算出した。

図 8.7 に聴感印象から得られた、各刺激音に対するアノイアンス値を示す。図 8.7 に示すように周波数特性を維持したまま振幅のみ低減させたものは、レベルの低減にともなってアノイアンス値も低下した。また、帯域低減を施した場合は、制御帯域幅および低減レベルの増加にともない、各帯域のアノイアンス値が低下した。これは聴感印象に対する ANC の有効性を示している。ピンクノイズのような騒音と類似のスペクトルをもつ定常音の聴取においては、低周波音の低減にともなうシャープネスの相対的な増加よりも、騒音レベルの低

8

音質制御でサウンドデザイン

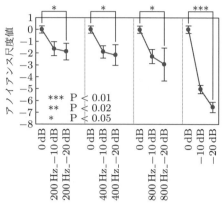

図 8.7　ピンクノイズを対象とした ANC によるアノイアンス尺度値の変化

減がアノイアンス値を下げるのに効果的であったといえる。

　一方、制御帯域を維持したまま低減レベルを増加させても有意な効果を確認するのは困難であった。制御帯域と低減レベルを同時に増加させることでアノイアンス値の減少が大きくなったことからも、制御帯域、低減レベルともに増加させる必要性があるといえる[116]。

　次項では自動車走行音に対するアクティブノイズコントロールによる快適度の評価から個々の嗜好に適応させるアクティブ音質制御に言及する。

8.4.2　自動車エンジン音の場合 [117]

　エンジン音評価として、エンジン音成分と同じ調波構造をもつモデル音を対象とした。刺激音は周波数特性を維持したままレベルを低減させた場合とANC を想定した帯域低減の場合による音圧レベルの異なる刺激を用いた。刺激音は実車より収録した助手席ダミーヘッド左耳の音を用いて、Lecture.6の**正弦波モデル**（図 6.17）[118] によりモデル音を生成した。この手法は短時間フーリエ変換により原音に含まれる各フレームのスペクトログラム上のピークを取り出し、それらの瞬時振幅、瞬時周波数、瞬時位相の情報から、時間的

にピークをたどり部分音を決定していく。具体的には、爆発 1 次成分を取り出し、正弦波合成によりその高調波を生成することでモデル音を生成している。このようなモデル音により周波数特性を維持したまま振幅のみを変えたり、ANC を考慮した低減を模擬したりできる。

聴覚健常者 10 名（男性 7 名、女性 3 名、18 ～ 25 歳）を被験者とした。心理実験は防音室において実施した。聴感印象評価は一対比較法の中でも程度も判断させるシェッフェの**一対比較法**（浦の変法）を用いた。自動車内音として聴取される音としての不快感および不快度についての判断を求めた。なお、ここで自動車音は定常走行音である。

聴感印象で得られた被験者の不快度（**アノイアンス尺度値**）の変化を 図 8.8 に示す。図中一番左の周波数特性を維持したまま振幅のみ低減させたものは、基準音からレベルが低下するほど不快度が低下した。また、帯域低減を施した場合は、制御帯域幅および低減レベルの増加にともない、不快度が低下した。図中の 200Hz_-20dB は 200 Hz 以下の帯域を −20 dB 下げることを意味している。200 Hz 帯域の低減量を増加させても、有意な効果は現れなかった。

また、ほかの帯域においても制御帯域を維持したままでは、低減レベルを大きく増加させなければ有意な効果は確認できなかった。このことから不快度に関しては低減量を増加させるだけでなく、制御帯域も広げなければならないと

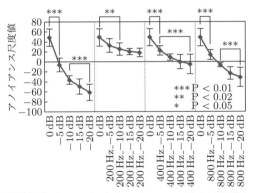

図 8.8　定常音の帯域毎低減による不快さへの影響

いえる。ほとんどの被験者で基準音の不快度が最も高く、低減帯域および低減量の増加にともない、不快度が低くなっていた。このことは聴感印象に対するANC の有効性を示している。少なくとも定常走行時のエンジン音の聴取においては、騒音レベルの低減が不快度を下げるのに効果的であったといえる。この結果に対して A 特性音圧レベルを合わせる（周波数特性は保ったままで音量のみ変える）と、制御帯域幅の増加にともなって不快度は低下した。高周波成分に起因して知覚されるシャープネスの減少の効果であると考えられる。

　ただ、定常走行では騒音に対して順応する。定常走行ではエンジン音に気を配ることはあまりないのである。エンジン音に注意を向けるのは加速のフィードバックとしてである。

　そこで、今度は加速音を対象とした。手法として、快適でない方を選択させる**主観的ノンプリファレンス**（快適でない）計測で評価した。図 8.9 の右端に周波数特性を維持したまま低減させた場合とその他帯域を低減させた場合の各刺激音に対するノンプリファレンス値を示す。ほとんどの被験者が低減レベルの増加にともない基準音よりも快の方向に向かい、加速音について帯域低減が聴感印象の改善に有効であることを示している。一方、制御を施すことで常に

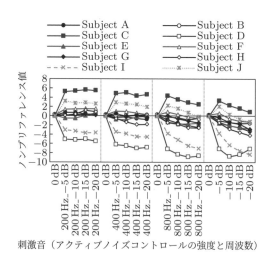

図 8.9　加速音の帯域毎低減によるノンプリファレンスへの影響

基準音よりも印象が快であるとしていた被験者もある制御量を超えるとかえって印象が快でなくなる場合があった。また、帯域低減そのものにより基準音よりも印象が快でなくなる被験者もいた。これらのことは、加速走行時のエンジン音の聴取において低周波音の低減にともなうシャープネスの相対的な増加が原因と考えられる。

　図8.10に各次数成分を制御した各刺激音に対するノンプリファレンス尺度値を示す。すべての被験者において、このような制御帯域および低減レベルの増加にともない快の方向に向かった。しかし、制御をほどこすことで基準音よりも快でないという印象をもった被験者が多いことから、次数成分の制御が聴感印象の改善に有効でないことを示している。自動車エンジン音の主要成分である次数成分を低減させたことで、エンジン音の印象を損なった可能性が考えられる。また、低減レベルを増加させることで快方向に向かったのは、基準音に比べて音圧低下が顕著になったことも考えられる。一方、すべての制御において、制御帯域および低減レベルの増加にともない、常に基準音よりも印象が快と感じた被験者がいた。これは、エンジン音の印象が変わったことよりも音圧低下が重要であったと考えられる。これらの被験者に対しては、ANCによ

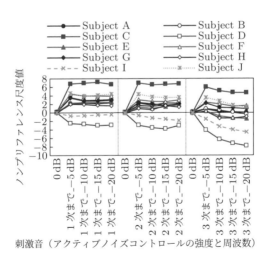

図8.10　加速音の次数低減によるノンプリファレンスへの影響

る騒音の低減が聴感印象の改善に有効であることを示している。

このように帯域毎あるいは次数成分毎に制御を変えても被験者により印象が多様であり、単に適応制御や吸音材により低減すればよいというものではない。確かに ANC によりサウンドデザインは可能といえるが、騒音への適応制御というより個々の好みへの適応制御が必要となる。

8.5 適応音質制御

8.5.1 Harmonic Filtered–x LMS アルゴリズム

ANC では複数の参照信号を用いることで消音効果を向上できる。それは制御対象とのマルチコヒーレンスが向上するからである。そのためには複数の参照センサが必要となり、コストの増加やシステムの複雑化といった問題が生じる。しかし、騒音がエンジンのように回転振動により発生する場合は、**Harmonic Filtered–x LMS アルゴリズム（HFxLMS）**[119] や Single Adaptive Notch（SAN）アルゴリズム[120] が適用できる。

まず、基本周波数を得るためにパルス信号を用いる。つまり、エンジンの点火パルス信号のような、エンジンの回転と同期した信号である。このパルス間隔から基本周期を導出できる。具体的には、ある閾値を設定し、その閾値をパルスの数値が超えた点を始点とし、再びパルスの数値が閾値を超えた点を終点とすることで周期を導出し、その周期をもつ正弦波を生成する。その基本周波数、および次数成分の正弦波を参照信号として用いる。つまり、参照信号をパルス信号に同期して周波数が変化する正弦波とするのである。各周波数の参照信号にそれぞれ適応フィルタを準備することでそれぞれの周波数で最適な収束係数を設定できる。このことにより、制御対象周波数のサウンド成分を高速に低減可能となる。

8.5.2 Command Filtered–x LMS アルゴリズム

これまで述べてきたアルゴリズムは騒音を低減する制御であったが、**Command Filtered–x LMS アルゴリズム**（C–FxLMS）[121] は騒音を低減する

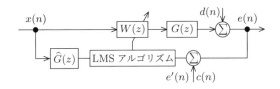

図 8.11　CommandFx–LMS アルゴリズム

だけではなく、増幅もおこなうことができ、車内のサウンドについて音質を制御できる。このアルゴリズムは**適応音質制御**（ASQC, Active Sound Quality Control）技術に分類される。このアルゴリズムを 図 8.11 に示す。ここで、$x(n)$ は参照信号、$W(n)$ は適応フィルタ、$d(n)$ は制御対象信号、$y(n)$ は制御信号、$e(n)$ は誤差信号、G は二次経路特性（スピーカからマイクの伝達関数）、G は推定された二次経路特性（スピーカからマイクの伝達関数モデル）、$e'(n)$ は疑似誤差信号、$c(n)$ は指令（command）信号である。

$e'(n)$ は次式のようになる。

$$e'(n) = e(n) + c(n) \tag{8.10}$$

　誤差信号 $e(n)$ と指令信号 $c(n)$ との和である、疑似誤差信号 $e'(n)$ が小さくなるように適応フィルタを更新する。結果として、指令信号をスピーカから出力するようになり、制御対象 $d(n)$ を低減させつつ、参照信号 $x(n)$ に含まれる指令信号 $c(n)$ の成分を増幅することが可能となる。また、参照信号を各次数成分に同期した正弦波とする HFxLMS アルゴリズムとして高速化するとともに、エラーセンサを天井や運転席周辺に複数個配置することにより、空間音質制御も可能である[122]。

8.5.3　音の好みと運転パターンの関係を探る

　「8.4 アクティブノイズコントロールでサウンドデザインは可能か」 で述べたように ANC で音を低減する場合ですら、好みは多様性を帯びた結果となった。適応音質制御では低減だけではなく増幅すらおこなうのである。単に聴感実験するだけではなく、目的や対象を考える必要がある、そもそもエンジン音

163

を評価するのであればそれに興味があるものを対象とするべきであろう。

そこで比較的エンジン音を聞きながら日頃運転していると思われるライダーを対象に聴感実験をおこなうことにした。具体的には自動二輪車免許所有の12名（男性 12 名、年齢：20 〜 40 代、ドライバー歴：3 〜 28 年）に参加して頂いた。音の好みと運転パターンの関連を探るべく、まずは走行パターンの解析をおこなった。GSX–R1000（直列 4 気筒 4 ストロークエンジン搭載）を対象に運転パターンとして、普段走行している定常走行と急いで走行している急ぎ走行の 2 パターンとした。

また、個々の走行パターンを自然にとらえたいのでギアの変更は自由とし、100 km/h まで加速した後、5 秒間の定常走行をさせた。この条件を基本タスクとし、各被験者に実施した。このときに、アクセル開度信号、エンジン点火パルス、座席シート上での振動、両耳位置でのエンジン音、速度を半無響室内に設置されたシャーシ台走行時におこなった。走行パターンから各信号を記録し、解析した結果、速度（加速度）から被験者の運転パターンが分類できた[123]。運転分類パターン分類は**自己組織化マップ**（Self–Organizing MAP、SOM）を用いた。この結果を **図 8.12** に示す。Kohonen によると SOM は以下のように定義されている[124]。

- 高次元データの視覚化のための新しく有効なソフトウェアツールである。
- 入力データ類似度を、SOM の基本的な形の中で描画する。
- 高次元のデータ間に存在する非線形な統計学的関係を簡単な幾何学的関係をもつ像に変換する。
- それらは通常は 2 次元のノードの格子上に表示される。

図 8.12 で各被験者番号を SOM 上に記した。データの特徴が似ている被験者番号ごとに固まっており、各被験者が分類（グループ化）されていることのみが理解される。縦軸横軸に意味はない。よって、どういうパターンで分類されたのかは改めてそれぞれのパターンを解析する必要がある。図 8.12 では 4 つのグループに分類されている。各グループについて調べたところ、速度データの概形が似ているパターンが集まっていた。速度データの概形とはエンジン

加速（アクセルの開き具合）における速度と時間経過の関係である。

　以上のように各被験者の運転パターンが分類できたので、今度はそれぞれの被験者の音の好みを解析し、運転パターンとの関連を探るために、聴感実験をおこなった。

　刺激音は加速走行時のエンジン音に対し、調波成分（1 次、2 次成分）の音圧レベルを低減および増幅させ作成した。元になるエンジン音は同じく GSX–R1000（直列 4 気筒 4 ストロークエンジン搭載）のアイドル状態からフルスロットルの加速音、3000 〜 4000 rpm である。一対比較法により刺激音を提示し、7 尺度法より求めた。なお、実験の回答は教示のもと、評価用紙を用いて回答させた。3 種（原音、1、2 次増幅、1、2 次低減）の刺激音に対し、より快適に感じる刺激音、およびその快適度について判断するよう教示した。

　図 8.13 は図 8.12 の SOM による走行パターンの分類上に被験者の音の好みでグルーピングしたものである。白は低減、灰色は増幅、黒は制御なしの音を好むことを示している。この結果より聴感印象実験から求めた好みの音質を示すグループは走行パターンとも類似していることがわかる。したがって、SOM により識別したグループごとに好みの音質をあてはめることが可能となる。しかし、対応がとれない被験者もいた。これは、ここで速度データによる

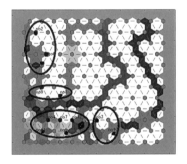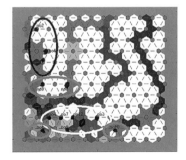

図 8.12　SOM による走行パ
ターンの分類（no は各被験者
を表す）

図 8.13　SOM による走行パ
ターンの分類上に音の好みを
グルーピングしたもの（no は
各被験者を表す）

識別しかおこなっていないことが原因として考えられる。さらに確実性のあるシステムとするためには、より多くの運転パターン、識別データや被験者の特徴を捉える必要がある。

8.5.4　個々の好みに適応する適応音質制御

　運転パターンと音の好みの対応付けについて述べてきたが、運転パターン以外にも普段の生活様式から個々の好みを探ることが可能となると考えられる。個々の好みに適応する音質制御アルゴリズムを 図 8.14 に示す[125]。HCFxLMS アルゴリズムに C–FxLMS アルゴリズムの指令信号を導入する。ここで、$x(n)$ は入力信号、$e(n)$ は誤差信号、$c(n)$ は指令信号、w は適応フィルタを示す。

　識別された各被験者の特徴量から個々の好みに適応させるため、SOM やニューラルネットの出力から制御信号 $c(n)$ を作成する。音質制御なしでは $c(n)$ は 0、対応する次数を低減させる場合には ANC の収束係数 $\mu(n)$ を制御し指令信号 $c(n)$ は 0、対応する次数を増幅させる場合には制御信号 $c(n)$ を制御し、収束係数 $\mu(n)$ は 0 とすればよい。これを HCFxLMS アルゴリズムの考え方に沿って各次数成分を制御することで、多彩な音質を表現できる。たとえば前節の被験者 8 であれば、1 次 2 次成分は双方とも制御信号 $c(n)$ を制御

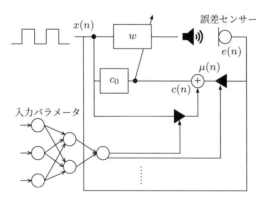

図 8.14　個々の好みに適用する適用音質制御

し、収束係数 $\mu(n)$ は 0 とすればよい。すると被験者 8 が好むパワフルなエンジン音を表現できる。

ただし、オートバイのエンジン音制御を仮定すると、これをそのまま吸気口から発生させ、周囲に拡散させることになる。これでは今度は騒音問題に発展する可能性がある。そこで、ドライバーの頭部周辺のみを制御するバーチャルセンサの適用[126]も検討すべきであろう。バーチャルセンサは配置すると邪魔となる耳マイクを付近に置いたマイクロホンから推定し、それをバーチャルなエラーセンサとして制御させる方法である。自動車内ではマイク配置などを工夫し、音が悪化しないようにバーチャルマイクの導入や多エラーセンサなどの検討が必要となる。

以上のように、適応音質制御による個々の好みに適応したサウンドデザインの可能性も考えられる。

8

音質制御でサウンドデザイン

参 考 文 献

[1] 山際納月・石光俊介・伊達佑希：「自動車の乗車シーンにおける一連動作が与える聴感印象の解析」，日本音響学会 2018 年春季研究発表会講演要旨・講演論文 （2018）pp.677–678.

[2] 石光俊介・佐藤秀紀：人間工学の基礎, 養賢堂 （2018）.

[3] M. チクセントミハイ：フロー体験 喜びの現象学, 世界思想社 （1996）.

[4] 山口 周：武器になる哲学, KADOKAWA （2018）.

[5] Sven E Carlsson：“Sound Design of Star Wars”, http://filmsound.org/starwars/ （2019 閲覧）

[6] 高速リアルタイム スペクトラムアナライザー WaveSpectra, http://web.archive.org/web/20171105052121/http://efu.jp.net/ （2022 閲覧）

[7] 難波精一郎・桑野園子：音の評価のための心理学的測定法, コロナ社 （1998）.

[8] ツビッカー：心理音響学, 西村書店 （1992）.

[9] C.L. Brockmann：“Perception Space — The Final Frontier”, A PLoS Biology, 3, 4 （2009）e137.

[10] Y. Murakami and S. Ishimitsu：“Possible mechanisms of cochlear two–tone suppression represented by vector subtraction within a model”, Acoustical Science and Technology, 39, 1 （2018）pp.11–21.

[11] J. Ashmore：Dancing Hair Cell, https://www.youtube.com/watch?v=cia-M5RWRik （2019 閲覧）

[12] iPod などに音量制限, 讀賣新聞, 2009 年 9 月 29 日 37 面 （2009）.

[13] ISO 226, Normal equal–loudness–level contours （2003）.

[14] J. Wolfe：Hearing test on–line: sensitivity, equal loudness contours and audiometry, https://newt.phys.unsw.edu.au/jw/hearing.html （2019 閲覧）

[15] A.J.M. Houtsma, T.D. Rossing and W.M. Wagenaars：“Auditory demonstrations”, IPO, ASA, 1126–061 （1987）.

[16] M. Slaney and R.F. Lyon：Correlogram Museum, https://ccrma.stanford.edu/~malcolm/correlograms/index.html （2019 閲覧）

[17] Resources for Audio & Acoustics, http://www.densilcabrera.com/wordpress/psysound3/

[18] たとえば、N. Kubo, V. Mellert, R. Weber and J. Meschke：“Engine sound perception: Apart from so–called engine order analysis”, Proc. of CFA/DAGA '04 （2004）pp.867–868.

[19] B.R. Glasberg, and B.C.J. Moore：“A Model of Loudness Applicable to Time–Varying Sounds”, J. Audio. Eng. Soc., 50, 5 （2002）pp. 331–342.

[20] http://hearing.psychol.cam.ac.uk/Demos/demos.html

[21] 藤永 保：最新 心理学事典, 平凡社 （2013）.

[22] C.E. Osgood, J.G. Suci and P.H. Tannenbaum：The Measurement of Meaning, Illinois Press （1957）.

[23] たとえば、阪本浩二・石光俊介・荒井貴行・好美敏和・藤本裕一・川崎健一：「カーオーディオ・メインユニットのボタン押し音評価に関する検討 — 第 1 報 ウェーブレットによる特徴分析 — 」, 日本感性工学会論文誌, 10, 3 （2011）pp.375–385.

[24] INTERNATIONAL STANDARD：ISO 532–2 Acoustics —Methods for calculating loudness— Part 1: Zwicker method （2017）.

[25] INTERNATIONAL STANDARD：ISO 532–2 Acoustics —Methods for calculating loudness— Part 2: Moore–Glasberg method （2017）.

参考文献

[26] 赤木正人：「聴覚フィルタとそのモデル」, 電子情報通信学会誌, 77, 9 （1994） pp.948–956.
[27] ISO Standards Maintenance Portal；https://standards.iso.org/iso/532/-1/（2019年 7 月閲覧）.
[28] ISO Standards Maintenance Portal；https://standards.iso.org/iso/532/-2/（2019年 7 月閲覧）.
[29] B.R. Glasberg and B.C.J. Moore："A Model of Loudness Applicable to Time-Varying Sounds", J. Audio Eng. Soc., 50, 5 （2002） pp.331–342.
[30] B.C.J. Moore：聴覚心理学概論, 誠信書房 （1989）.
[31] Hearing, Department of Psychology, University of Cambridge；https://www.psychol.cam.ac.uk/hearing
[32] ツビッカー：心理音響学, 西村書店 （1992）.
[33] 岩宮眞一郎：音色の感性学, コロナ社 （2010）.
[34] H. Fastl："Fluctuation strength and temporal masking patterns of amplitude-modulated broadband noise", Hearing Research, 8, 1 （1982） pp.59–69.
[35] What is PsySound3?；http://psysound.wikidot.com/ （2019 年 7 月閲覧）.
[36] Densil Cabrera, PsySound3 (updated January 2014)；http://www.densilcabrera.com/wordpress/psysound3/ （2019 年 7 月閲覧）.
[37] INTERNATIONAL STANDARD：ISO 7779 Acoustics —Measurement of airborne noise emitted by information technology and telecommunications equipment （2018）.
[38] 桑野園子：「音質デザインの方向性」, 日本音響学会誌, 64, 9 （2008） pp.551–555.
[39] 大富浩一・穂坂倫佳・岩田宜之：「製品音のデザイン」, 東芝レビュー, 62, 9 （2007） pp.50–54.
[40] 石光俊介・高見健二・添田喜治・中川誠司：「自動車加速エンジン音に対する聴感印象と大脳皮質活動の関係に関する検討」, 計測自動制御学会論文集, 49, 3（2013）pp.394–401.

[41] K. Murai, S. Ishimitsu and R. Ishii："Passive sound control with sound absorbers in automobile", Proceedings of 25th International Congress on Sound and Vibration, 6 pages （2018） p.3702.
[42] http://daas.la.coocan.jp/toukei_hosoku/paired_comparison.htm にエクセルワークシートがある
[43] A. Kanda, S. Ishimitsu, K. Wakamatsu, M. Nakashima and H. Yamanaka："Objective evaluation of sound quality for audio system in car", ICIC Express Letters Part B: Applications, 10, 4 （2019） pp.335–342.
[44] 近藤和弘：「音響電子透かし埋め込み信号品質評価に適用可能な評価手法」, 日本音響学会誌, 71, 1 （2015） pp.42–48.
[45] ITU："Method for the subjective assessment of intermediate quality level of coding systems", Recommendation ITU–R BS.1534–1 （2003）.
[46] E. Vincent：MUSHRAM − A Matlab interface for MUSHRA listening tests (version 1.0)；http://c4dm.eecs.qmul.ac.uk/downloads
[47] Fraunhofer Institute for Integrated Circuits IIS: webMASHRA；https://www.audiolabs-erlangen.de/resources/webMUSHRA （2022.4.26 閲覧）
[48] K. Murai, S. Ishimitsu and Y. Kitamura："Study of sound design using passive noise control in automobile", Proceedings of 48th International Congress and Exposition on Noise Control Engineering, No.1767, （2019） 10 pages.
[49] K. Murai, S. Ishimitsu and R. Ishii："Passive sound control with sound absorbers in automobile", Proceedings of 25th International Congress on Sound and Vibration, （2018） 6 pages.
[50] 村井研太・石光俊介・北村勇樹・山田雄三・野口泰三：「自動車エンジン音における吸音制御によるサウンドデザイン」, 日本音響学会 2019 年春季研究発表会講演要旨・講演論

文集（2019）pp.489–492.

[51] N. Shibatani, S. Ishimitsu and M. Yamamoto："Command filtered–x LMS algorithm and its application to car interior noise for sound quality control", International Journal of Innovative Computing, Information and Control, 14, 2 （2018）pp.647–656.

[52] E.B. Brixen："Designing Listening Tests of SR/PA Systems, A Case Study", AES conference paper EB5–6.

[53] 小杉幸夫・武者利光：生体情報工学, 森北出版 （2000）.

[54] R. Näätänen and T. Picton："The N1 wave of the human electric and magnetic response to sound: a review and an analysis of the component structure", Psychology, 24, 4 （1987）pp.375–425.

[55] 青柳 優：聴性定常反応 その解析法・臨床応用と起源, リオン株式会社 （2005）.

[56] 宿南篤人・大塚明香・石光俊介・中川誠司：「脳磁界反応を用いた不快音圧推定に関する基礎的検討」, 日本音響学会聴覚研究会資料, 44, 4 （2014）pp.189–193.

[57] Y. Soeta, S. Nakagawa, M. Tonoike and Y. Ando："Magnetoencephalographic responses corresponding to individual subjective preference of sound fields", Journal of Sound and Vibration, 258, 3 （2002）pp.419–428.

[58] Y. Soeta, Y. Okamoto, S. Nakagawa, M. Tonoike and Y. Ando ： "Autocorrelation analyses of magnetoencephalographic alpha waves in relation to subjective preference for a flickering light", NeuroReport, 13, 4 （2002）pp.527–533.

[59] 石光俊介・小林 裕：「ウェーブレットによる自動車加速音の瞬時相関解析と聴感評価に関する検討」, 日本機械学会論文集 C 編, 72, 719 （2006）pp.2094–2100.

[60] トランスナショナル・カレッジ・オブ・レックス：フーリエの冒険, ヒッポファミリークラブ （1988）.

[61] OPTIS, 音響解析・分析ソフトウェア LEA；https://www.optis-japan.jp/products/genesis/lea.html （2019,12,23 閲覧）

[62] HEAD acoustics, ArtemiS SUITE 製品内容；https://www.head-acoustics.com/jp/nvh_artemis_suite.htm （2019.12.23 閲覧）

[63] iZOTIPE, RX7 Features；https://www.izotope.com/en/products/rx/features.html （2019.12.13 閲覧）

[64] Google；https://musiclab.chromeexperiments.com/Spectrogram/（2019.12.13 閲覧）

[65] E. Wigner："On the quantum correction for thermodynamic equilibrium", Phys.Rev. 40, 749 （1932）.

[66] J. Ville："Thèorie et Applications de la Notion de Signal Analytique", in Cables et Transmissions, 2, 1 （1948）pp.61–74.

[67] L. Cohen："Time–Frequency Analysis", Prentice–Hall, New Jersey （1995）.

[68] 石光俊介・北川 孟：「ウィグナー分布による衝突音の周波数解析」, 日本機械学会論文集 C 編, 55, 520 （1989）pp.2999–3002.

[69] 石光俊介・北川 孟：「Wigner 分布の補正と非定常信号解析への適用」, 日本機械学会論文集 C 編, 57, 535 （1991）pp.787–794.

[70] 石光俊介・北川 孟：「周波数領域適応フィルタを用いた Wigner 分布の干渉項除去」, 日本機械学会論文集 C 編, 61, 584 （1995）pp.1490–1495.

[71] 山田道夫：「時間周波数解析手法と Wigner–Ville 分布」, 数理解析研究所講究録, 1809 （2013）pp.15–25.

[72] MATHWORKS, wvd；https://jp.mathworks.com/help/signal/ref/wvd.html （2019.12.13 閲覧）

[73] 石光俊介：「Wavelet 変換と時間周波数分布」, パイオニア技報, 8 （1993）pp.10–22.

[74] C. Torrence, G. Compo: A practical guide to Wavelet Analysis, https://paos.colorado.edu/research/wavelets/ （2022.2.19 閲覧）

[75] 阪本浩二・石光俊介・荒井貴行・好美敏和・藤本裕一・川崎健一：「カーオーディオのボ

タン押し音評価に関する検討 —第 1 報 ウェーブレットによる特徴分析—」，日本感性工学会論文誌, 10, 3 （2011）pp.375–385.

[76] G. Bunkheila ： "Deep Learning and AI for Audio Applications — Engineering Best Practices for Data", AES New York 2019 （2019）.

[77] 大西 厳・石光俊介・阪本浩二：「ボタン押し音評価に関する検討（ニューラルネットワークによる印象評価モデルの構築）」，日本機械学会論文集 C, 77, 778 （2011）pp.122–131.

[78] https://twitter.com/learn_learning3/status/1097028120333320192 （2020 年 2 月 20 日閲覧）.

[79] H. Gillmeister and M. Eimer："Multisensory integration in perception: Tactile enhancement of perceived loudness", Brain Res, 1160 （2007）pp.58–68.

[80] 尾茂井宏・石光俊介・阪本浩二：「ボタン押し音における触覚の聴感印象への影響について」，電子情報通信学会技術報告, EA2009–90, （2009）pp.85–88.

[81] J.R. Roberts, et al："Evaluation of impact sound on the 'feel' of a golf shot", Journal of Sound and Vibration, 287 （2005）pp.651–666.

[82] 平岡大司・石光俊介：「ゴルフショット音のサウンドデザインに関する研究」，日本音響学会 2010 年秋季研究発表会講演論文集 （2010）pp.719–720.

[83] S. Ishimitsu, K. Oue, A. Yamamoto and Y. Date："Sound Quality Evaluation using Heart Rate Variability Analysis", Proceedings of the 24th International Congress on Sound and Vibration （2017）8 pages.

[84] N. Yamagiwa and S. Ishimitsu："Analysis of Auditory Impression of Getting into a Car", Proceedings of 47th International Congress and Exposition on Noise Control Engineering, 258, 6 （2018）pp.1552–1558.

[85] sound snap；https://www.soundsnap.com/

[86] S. Ishimitsu, H. Nishikawa, K. Takami, S. Nakagawa and Y. Soeta："Relationships between subjective annoyance and brain magnetic fields for car engine sounds", Proceedings of Forum Acusticum 2011 （2011）pp.1091–1095.

[87] Audacity；http://www.audacityteam.com/

[88] RX7；https://www.izotope.com/en/products/rx.html

[89] Melodyne；https://www.celemony.com/ja/melodyne/what-is-melodyne

[90] R.M. バーン・M.N. レヴィ：基本生理学, 西村書店 （2003）.

[91] 赤石 誠・坂 俊：電子聴診器でぐんと身につく心音聴診技術, メディカ出版 （2013）.

[92] 日本自律神経学会：自律神経機能検査, 文光堂 （1992）.

[93] Y. Date, S. Ishimitsu and N. Yamagiwa："Improvement of Heart Rate Variability Analysis for Sound Design", ICIC Express Letters Part B: Applications, 10, 2 （2019）pp.159–166.

[94] Y. Date, N. Yamagiwa, Y. Morimoto, N. Tanimoto and S. Ishimitsu："A Stydy on Sound Quality Evaluation Method for Vehicle Using Vital Information", Proceedings of 48th International Congress and Exposition on Noise Control Engineering, 1600, 10 （2019）pp.3369–3378.

[95] 森元優太：運転時の呼吸計測による集中度・心理状態推定の基礎検討, 平成 30 年度広島市立大学卒業研究論文 （2019）.

[96] 三村 覚・楠本恭久・久我隆一：心理学的実験を想定した測定法による安静時呼吸運動の特徴, 大阪産業大学人間環境論集 10 巻 （2011）pp.19–25.

[97] 中川千鶴・大須賀美恵子：「呼吸波形解析プログラムとその応用」，人間工学, 43, 1 （2007）pp.33–40.

[98] 山越健弘・山越憲一・日下部正宏：「単調運転時の生体反応計測と生理活性度指標の基礎的検討」，自動車技術会論文集, 36, 6 （2005）pp.205–212.

[99] 鈴木 哲・菅原慶太郎・松井岳巳・朝尾隆文・小谷賢太郎：「覚醒度変化と呼吸成分の関係性について」，人間工学, 49, 1 （2013）pp.25–31.

[100] 濱谷尚志・内山 彰・東野輝夫：「種々のセンサを併用した集中度センシング法の検討」，情報処理学会研究報告, 2015–ITS–63, 10 （2015）pp.1–6.

[101] S. Ishimitsu, K. Oue, A. Yamamoto and Y. Date："Sound Quality Evaluation using Heart Rate Variability Analysis", Proceedings of the 24th International Congress on Sound and Vibration, 8 （2017）.

[102] 日本呼吸器学会：夜間や早朝に呼吸が苦しくなります, 日本呼吸器学会 ホームページ Q&A；https://www.jrs.or.jp/modules/citizen/index.php?content_id=58 （2019 年 1 月 28 日アクセス）.

[103] 黒原 彰・寺井堅祐・竹内裕美・梅沢章男：「虚偽検出における呼吸系変容 —裁決質問に対する抑制性呼吸の発現機序—」. 生理心理学と精神生理学, 19, 2 （2011） pp.75–86.

[104] 須澤将馬・小谷賢太郎・鈴木 哲・朝尾隆文・篠原一光・内藤 宏・藤井達史・石川貴洋：「自動車運転中の車載情報機器操作によって生じる精神的負担の評価のための呼吸指標の検討」, 人間工学, 52, 3 （2016） pp.124–133.

[105] 寺井堅祐：「呼吸測定からみえてくる情動」, 生理心理学と精神生理学, 31, 2 （2013） p.72.

[106] 中村 均：「音楽の情動性が GSR および呼吸におよぼす影響」, 心理学研究, 55, 1 （1984） pp.47–50.

[107] 任天堂：マリオカート 8 デラックス （2017）.

[108] P. Lueg：PROCESS OF SILENCING SOUND OSCILLATIONS, US Patent US2043416A （1934）.

[109] さいとうたかを：ゴルゴ 13 「S・F・Z （スフォルツァンド）」, 第 425 話, リイド社 （1998）.

[110] W.B. Conover："Fighting noise with noise", Noise control, 2, 2 (1956) pp.78–92.

[111] P.A. Nelson and S.J. Elliott：Active Control of Sound, Academic Press （1993）.

[112] S. Sato, S. Ishimitsu, T. Kimura and K. Kurokawa ："Broadband Active Noise Control with High–Speed", Processing 14th International Conference on Innovative Computing, Information and Control (ICICIC2019), Sound System and Applications, Seoul, Korea, 26–29 August 2019.

[113] 石光俊介・吉村美香：「船室内騒音のアクティブ制御システムの検討」, 日本マリンエンジニアリング学会, 37, 9 （2002） pp.67–74.

[114] 長谷川和彦：「IMO 船内騒音規制コード」, 日本マリンエンジニアリング学会, 50, 2 （2015） p.134.

[115] 中路義晴・木下明生：「車室内音場特性に着目したこもり音アクティブ制御技術の研究」, 日本機械学会論文集 C 編, 59, 565 （1993） pp.2726–2732.

[116] 井上敏郎・髙橋 彰・小林 彰・坂本浩介：「アクティブサウンドコントロール技術」, 自動車技術, 63 （2009） p.77–82.

[117] A. Yamamoto, S. Ishimitsu, et al.："Active Sound Quality Control System for the Engine Sound and its Effects on Subjective Preference", Proceedings of 23rd International Congress on Sound & Vibration, 390, （2016） 6 pages.

[118] S. Ishimitsu, H. Nishikawa, K. Takami, S. Nakagawa and Y. Soeta："Relationships between Subjective Annoyance and Brain Magnetic Field for Car Engine Sounds", Proceedings of Forum Acusticum 2011, （2011） pp.1091–1095.

[119] 上鹿庭健浩・石光俊介 ほか：「エンジン次数成分に着目した適応制御の高速化に関する検討」, 日本機械学会 中国四国支部第 51 期総会 講演会講演論文集, 135, 1 （2013） pp.603–604.

[120] B. Widrow, J.R. Glover et al.："Adaptive noise canceling: Principles and applications", Proc.IEEE, 63 （1975） pp.1692–1716.

[121] L.E. Rees and S.J. Elliott："LMS–Based Algorithms for Automobile Engine Sound Profiling", Proceedings of internoise 2003, （2003） pp.1026–1033.

[122] T. Sagawa, S. Ishimitsu, A. Yamamoto et al.："Study on Multichannel Active Sound Quality Control paid attention to order components", Proceedings of RISP International Workshop on Nonlinear Circuits, Communications and Sig-

nal （2016） pp.471–474.

[123] K. Murai, S. Ishimitsu, Y. Aramaki et al.："Basic Study of Sound Quality Control Based on Individual Preference", ICIC Express Letters Part B: Applications, 9, 8 （2018） pp.783–787.

[124] T. Kohonen：自己組織化マップ, シュプリンガージャパン （2016） pp110–114.

[125] K. Murai, S. Ishimitsu et al："Active Sound Quality Control Based on Individual Subjective Preference", Proceedings of AES 2017 International Conference on Automotive Audio （2017） 7 pages.

[126] T. Ueganiwa, S. Ishimitsu and K. Hamada："Study of Active Noise Control of Sound using Virtual Microphone", Proceeings of internoise 2011, （2011） 6 pages.

[127] Y. Harari：21 Lessons, 河出書房新社 （2019）.

あとがき

　サウンドデザインの手法と評価、そして制御方法について述べてきた。後半は自動車を中心に話を進めてきた。現在は運転を楽しみ、そしてその運転のフィードバックである音も楽しんでいる。時代は変遷する。ガソリンエンジンから電気モータ、運転を楽しむことから自動運転と自動車自体の形態や使い方、価値も変化するだろう。しかし、サウンドがなくなることはない。無音では加速感がないので加速感を演出するためのサウンドを付加したり、さらには、自動運転車を所有したという満足度を高めるサウンド、たとえば、高級感や未来感のあるドアの開け閉め音や駆動音などをデザインしたりしなければならなくなる。そしてサウンドの好みは多様化する。

　本報では運転パターンからの推定のみを示したが、音楽や映画の好みなどの日常の生活習慣、心拍や呼吸などのバイタルデータのフィードバックで、個々の好みに特化したサウンドデザインへと変容することも考えられる。最大多数の絶対幸福から個の満足のデザインへの変容である。人工知能 AI によるデータ分析の自動化はそれらを可能とするだろうことはハラリ氏も予言している [127]。それもガラパゴス携帯があっという間にスマートフォンに変わったように一気に変化する可能性もある。とはいえ、本連載の最初に述べたように"よい音質"とは期待である。期待通りのサウンドはたしかによい音質であると評価される。よい意味で期待を裏切ることが AI ではなく人間がおこなうサウンドデザインに必要なことである。本書がそのようなサウンドデザインの助けとなれば幸いである。

　本書は 2019 年 7 月から 2020 年 8 月まで「機械の研究」に連載した内容をまとめたものである。広島市立大学サウンドデザイン研究室の学生の皆さんの研究成果によるところが大きい。社会で活躍されている研究室 OBOG の皆さん、現在研究室で頑張っている学生の皆さんに感謝する。本書の所々に登場したかわいいイラストは研究室 OG の立神早季子さんによるものである。イラストを快く引き受けてくれてありがとう。また、本書をこのような手に取りやすく、読みやすい形に仕上げて頂いた、養賢堂の及川雅司氏に心よりお礼申し上げる。

175

索　引

■著者略歴

石光 俊介　　広島市立大学 情報科学研究科 教授
（いしみつ しゅんすけ）

2004 年 4 月　　兵庫県立大学 大学院工学研究科 助教授
2007 年 4 月　　広島市立大学 大学院 情報科学研究科 准教授
2009 年 4 月　　広島市立大学 大学院 情報科学研究科 教授
2020 年 9 月　　第 22 回日本感性工学会大会出版賞「人間工学の基礎」

主な著書
　　「人間工学の基礎」（養賢堂, 2018）

サウンドデザイン論　　　　　　　　　　　© 石光俊介　2022

2022年11月1日　第 1 版 第 1 刷 発行

著 作 者　石光俊介
発 行 者　及川雅司
発 行 所　株式会社 養賢堂　〒113–0033
　　　　　　東京都文京区本郷 5 丁目 30 番 15 号
　　　　　　電話 03–3814–0911 ／ FAX 03–3812–2615
　　　　　　https://www.yokendo.com/

　　印刷・製本：星野精版印刷株式会社　　　用紙：竹尾
　　　　　　　　　　　　　　　　　　　　　本文：淡クリームキンマリ 46.5 kg
　　　　　　　　　　　　　　　　　　　　　表紙：タント S–7 130 kg

PRINTED IN JAPAN　　　　ISBN 978-4-8425-0587-9 C3053